马鸿锦 著

冬奥

服装与文化

DONG'AO
FUZHUANG
YU WENHUA

U0233815

人民出版社

责任编辑：刘　今
封面设计：纪玉洁

图书在版编目（CIP）数据

冬奥服装与文化 / 马鸿锦著. —— 北京 ：人民出版社，2024. 10. —— ISBN 978 - 7 - 01 - 026833 - 0

Ⅰ．TS491. 12

中国国家版本馆 CIP 数据核字第 2024XF4399 号

冬奥服装与文化

DONG'AO FUZHUANG YU WENHUA

马鸿锦　著

人民出版社 出版发行

（100706　北京市东城区隆福寺街 99 号）

北京九州迅驰传媒文化有限公司印刷　新华书店经销

2024 年 10 月第 1 版　2024 年 10 月北京第 1 次印刷

开本：710 毫米 × 1000 毫米 1/16　印张：13.25　插页：15

字数：200 千字

ISBN 978 - 7 - 01 - 026833 - 0　　定价：88.00 元

邮购地址　100706　北京市东城区隆福寺街 99 号

人民东方图书销售中心　电话（010）65250042　65289539

百年冬奥，彩衣华章

  2022 年冬季奥运会在北京举办，有力推动了我国冰雪运动的繁荣，也使北京成为世界上唯——一个举办过夏季和冬季奥运会的"双奥之城"。冬奥会不仅是体育竞技的盛会，也是文化交流的平台，北京冬奥会通过精彩的开闭幕式和颁奖仪式等环节，展示了中华优秀传统文化和中国式现代化建设新征程的伟大成就。在这场盛会中，冬奥服装成为展现国家风采、传递奥林匹克精神和增强国际文化交流的重要载体。

  马鸿锦的著作《冬奥服装与文化》系统梳理了冬奥百年历史上的颁奖服装、开闭幕式服装和其他相关服饰，探讨了各国冬奥服装设计与民族文化、历史发展、社会背景及服装产业的整体关系，揭示了服装在冬奥文化创新发展与传播中的重要作用。这本书很好地把握住了冬奥服装文化的特点，从"民族性"、"表演性"和"创新性"三个主要方面，结合历届冬奥案例，深入分析了冬奥服装的文化特征和设计特色，在此基础上阐述了冬奥服装设计的总体规律，即各国在冬奥服装设计中将丰富的民族元素与时尚潮流相融合，以现代设计理念贯穿设计全程，彰显了冬奥运动健儿的精神风貌，营造出冬奥服装文化荟萃的多彩场景。

  冬奥服装是奥运遗产的重要组成部分，本书从可持续发展角度出发，深入研究了冬奥服装作为奥运遗产的重要价值，包括其在保护与传承、开发与利用、价值与管理等方面的作用。在理论研究之外，作者还能够在研究中结合自己的管理与设计实践，为冬奥遗产的保存与可持续发展提供理论支持和实践指导，提出了北京冬奥服装的中国特色与美学价值，为北京冬奥文化融入世界奥运遗产作出了贡献。

  服装服饰是一个国家的文化传统乃至文明底蕴的体现，不仅是艺术美感的表达，更是文化情感和民族认同的象征。中国传统服装服饰作为中国文化的载体，代有霓裳，美轮美奂。我曾参与组织策划中央电视台

《衣尚中国》系列节目，并担任审美解读人，通过展示和解读中华传统服饰文化，探寻其历史文脉和美学精神，弘扬中国审美，促进文化传承与创新。2020年，我作为中国美术家协会主席和中央美术学院院长，担任北京冬奥会颁奖服装的评委会主席，参与了颁奖服装的评审工作。这一经历也让我与本书作者马鸿锦建立了深厚的友谊。当时她作为北京冬奥组委文化活动部的工作人员，负责统筹和组织冬奥颁奖服装的相关工作，展现了出色的专业能力。在工作中，她深入研究历届冬奥会服装，积累了比较丰富的实践经验和理论知识，为她的研究与写作打下了坚实基础。作为北京服装学院青年教师，马鸿锦在教学中能将冬奥会的服装设计管理经验与课程内容相结合，将冬奥服装与文化的研究成果和宝贵经验带到课堂上，为服装设计的学科发展和专业教学作出贡献。

自1924年第一届冬奥会在法国的夏慕尼举办，冬奥会走过了一百年的历程。在此特殊时刻，本书的出版可以说是为冬奥会百年纪念献上了一份独特的文化礼赞。这不仅是对于百年冬奥服装设计历程的回顾，也是对冬奥未来发展的展望，彰显了奥林匹克精神的传承，有效传播了冬奥文化。期待本书能够成为了解和研究冬奥服装文化的重要著作，激励更多读者关注和参与冬奥文化的传承与发展。

是为序。

中国美术家协会主席

中央美术学院原院长

范迪安

2024 年 8 月

目　录

第一章　冬奥服装文化的形成和意义

奥运会是世界上唯一的全球综合性运动会，会聚了来自超过 200 个国家的运动员，参与夏季奥运会和冬季奥运会中超过 400 个项目的比赛。冬季奥运会是专门为雪上和冰上项目设立的奥运会，与夏季奥运会一样，每四年举行一次。冬奥会涵盖了如滑雪、滑冰、冰球等一系列冬季项目，吸引了全球各地的顶尖运动员前来参赛。

冬奥会展示了人类在冬季运动项目中的极限和创新，推动了冰雪运动的发展和普及，为运动员提供了一个展示自己能力和突破纪录的国际舞台。除了精彩的赛事，冬奥遗产具有长期的积极影响。冬奥会的全球传播和媒体覆盖有助于提升主办城市和国家的形象和吸引力，促进基础设施建设和经济社会发展。通过文化活动和仪式，冬奥会展示了主办国的历史、文化和价值观，促进了国际文化的交流和理解，加强了各国人民之间的联系和友谊。

冬奥会服装文化具有重要的研究价值和意义。以 2022 年北京冬奥会为契机，我国学术领域围绕冬奥会的各个方面开展了较为全面的研究。与本书相关的冬奥服装文化方面，则大概包括了颁奖服装设计、开闭幕式服装设计、制服设计、冬奥仪式与文化表演、冬奥遗产与可持续发展等五个主要方面。笔者通过对于现有学术资料的研究，结合在北京冬奥组委的亲身工作经历，从冬奥服装的设计语言、民族传统、国际传播、创新意义等方面对于整个冬奥服装进行了系统的研究和梳理。冬奥服装文化不仅是奥林匹克精神的重要载体，更是展示主办国文化特色和科技进步的重要窗口。总体上看，冬奥服装文化的研究具有如下意义。

第一，冬奥服装具备促进本土文化与国际文化交流的重要作用。奥运服装是奥运精神的视觉呈现，也是一种礼仪文化的体现。《周易·系辞传》有云"垂衣裳而天下治",反映了中国传统文化中服饰与社会秩序和文化礼仪的重要关系。在奥运会诞生的西方文明中,服装也一直是仪式庆典的重要组成部分,体现了冬奥会的神圣性并弘扬了奥运精神。在《奥林匹克运动人文价值的历史流变》中,孙葆丽指出奥林匹克文化不仅仅是体育竞技的展现,更是不同国家和民族文化交流的重要平台。[①] 通过组织冬奥文化节、火炬接力等活动,奥运会展示了举办国的文化特色,并促进了世界文化的融合和理解。通过服装设计展示礼仪文化,不仅体现了举办国的文化自信,也增强了国际观众对奥林匹克精神的认同感。

第二,冬奥会服装文化具有景观性的特点,它不仅是个体穿着的服装,还往往以集体的面貌呈现。这就要求服装既在个体层面上有美感,还在整体层面上具有好的视觉效果和信息传达。这就需要在研究中超越单纯的服饰文化研究,而从更高的维度进行分析,特别是从视觉文化的角度,对冬奥服装进行宏观把握。每一届冬奥会的服装设计都在视觉上各具特色,也又一次地增强了冬奥会的整体形象和观众的视觉体验。以服装组成的景观矩阵,展示了主办国的文化特色和设计能力,增强了观众的文化认同感和视觉冲击力。

第三,冬奥会服装是冬奥文化积累和历史发展的缩影。近百年来,冬奥会服装的发展不仅体现了各国服装文化的变化,也反映了历史的演变。从服装的角度研究冬奥会,可以看到不同时期、不同国家的文化特色和设计趋势,冬奥会服装与这一百年的服装行业发展紧密相连,并逐渐融入更多的文化元素和设计创新,展示了各国在不同历史时期的文化取向和设计创新。这种历史的积累不仅体现了各国的文化传承和服装设计进步,也展示了冬奥会作为国际盛会在文化交流中的重要作用。

第四,冬奥会服装研究的系统性和全面性至关重要。从冬奥遗产的角度来看,对冬奥会服装的研究不仅涉及体育和文化领域,还与社会、经济和环境等多个领域密不可分。本文对冬奥服装的研究,是以冬奥服装为线索,对冬奥文化进行全面分析,研究涵盖社会经济、民族文化、

---

① 参见孙葆丽:《奥林匹克运动人文价值的历史流变》,博士学位论文,北京体育大学,2005年。

艺术设计、潮流时尚等多个方面，系统且全面地分析了冬奥服装的文化意义和设计理念。通过系统性研究，可以将学界的多维研究综合整理，更好地理解冬奥服装在文化传播、经济发展和社会影响等方面的重要性，这不仅有助于提升冬奥会服装设计的理论和实践水平，还能为未来的冬奥会服装设计提供宝贵的经验和参考。通过全面分析研究冬奥会服装的文化、经济和社会影响，可以更好地展示冬奥会的综合价值和全球影响力。

本章通过简述冬奥服装文化的形成，探讨其设计特点，并分析其作为奥运遗产的意义，全面展现冬奥服装的发展历程。

第一节 冬奥服装文化的形成简述

奥林匹克视觉形象经历了从萌发到成熟的几个阶段，艺术设计发展和奥林匹克精神传承共同推动了其演变。冬奥服装文化在其诞生之初并不具备完整的视觉形象。自 1924 年在法国夏慕尼首次举办冬奥会以来，历届冬奥服装经历了从简单实用到融合传统文化与现代科技的发展历程。早期冬奥会的服装以保暖为主，采用毛呢、羊毛等材料，缺乏统一规范。随着时间的推移，20 世纪 60—90 年代，冬奥服装设计逐渐形成规范，颁奖服装和开闭幕式服装设计更加统一，开始融入各国的民族特色和文化元素。20 世纪 90 年代，冬奥服装设计进一步融入科技元素，提高了功能性和环保性。进入 21 世纪，冬奥服装设计在创新性上取得了显著进展，融合了现代科技和传统文化，展示了主办国的独特魅力和科技实力。每一届冬奥会的服装设计不仅体现了主办国的文化特色和科技进步元素，还推动了全球冬季运动服装的发展，成为奥林匹克精神的重要载体。

一、早期冬奥服装设计

冬季奥林匹克运动会最早在 1924 年于法国夏慕尼举行，这是冬奥会的起点，原本名称为"国际冬季运动周"，后被追认为第一届冬奥会。由法国奥委会主办，举办日期为 1 月 25 日至 2 月 5 日，赛事都在勃朗峰举行。1926 年由国际奥委会追认为第一届冬奥会。彼时，冬奥会的服装还没有成型的规范，各国运动员的着装主要以实用为主，多采用厚重的毛呢、羊毛和针织材料，以保暖为主要目的。

在首届冬奥会中，尽管没有设置专门的仪式庆典服装，但各国代表团的正装为冬奥会增添了庄重感。1928 年瑞士圣莫里茨冬奥会则进一步发展了冬奥会的仪式庆典环节，运动员们身着各具特色的民族服装亮相，展示了各国的传统文化。这一时期，冬奥会的服装以传统民族服饰为主，如瑞士的传统红色裙子（如图 1-1）和德国的费尔岛毛衣（如图 1-2）。这些服装不仅具备保暖功能，还体现了各国独特的文化底蕴。

图 1-1　瑞士的传统红色裙子　　　图 1-2　德国的费尔岛毛衣

1932 年美国普莱西德湖冬奥会和 1936 年德国加米施 – 帕滕基兴冬奥会在服装设计上开始逐步规范。尤其是 1936 年的冬奥会首次引入了圣火点燃仪式，并且在服装设计上体现了更强的统一性和仪式感。例如，举牌礼仪人员统一穿着深色夹克套装，旗手们则身着具有各国特色的服装，如毛呢大衣和针织羊毛衫。

1948 年瑞士圣莫里茨冬奥会在第二次世界大战后重生，本届冬奥会不仅在服装设计上展示了科技的进步，还首次使用了自动计时器。各国运动员的服装既保暖又时尚，例如美国队采用了轻便的滑雪服，而其他国家则继续沿用传统的毛衣和夹克。1952 年挪威奥斯陆冬奥会首次尝试了工装样式的服装设计，采用布纳德（bunad）和塞尔布罗斯（selburose）图案，既体现了传统文化，又具备现代功能性。1956年意大利科尔蒂纳丹佩佐冬奥会更是将意大利蓝作为民族情怀的象征，结合了现代设计元素，奠定了现代冬奥服装设计的基础。

随着冬奥运动的发展，赛事规模逐渐扩大，主办方不断积累经验，各项活动规范慢慢确立起来，包括主要活动、流程、视觉等方面。在冬奥的文化形象方面，人们开始有意识地关注冬奥带来的文化影响和风貌，后来发展为一整套冬奥服装制式规范。

二、冬奥服装制式规范逐渐成形

进入20世纪60年代，冬奥会的服装设计逐渐形成规范，颁奖服装和开闭幕式服装设计更为和谐。例如，1964年奥地利因斯布鲁克冬奥会的礼仪服装采用了民族传统服饰，展现了奥地利丰富的文化传统。1968年法国格勒诺布尔冬奥会的服装设计则结合了法国的时尚元素，礼仪服装采用了简洁优雅的设计风格，体现了法国的时尚美学。1972年日本札幌冬奥会的服装设计首次引入了亚洲风格，礼仪服装采用了日本传统和服的元素，使服装更具有传统美感。1976年奥地利因斯布鲁克冬奥会再次回归传统，礼仪服装继续采用奥地利民族服饰，展现了浓厚的地方特色。1980年美国普莱西德湖冬奥会在服装设计上采用了经典的套装风格，既时尚又实用，成为经典之作。1984年南斯拉夫萨拉热窝冬奥会的服装设计则展示了巴尔干半岛的民族特色，礼仪服装采用了南斯拉夫传统服饰，充满了异域风情。1988年加拿大卡尔加里冬奥会的服装设计融合了加拿大的多元文化，礼仪服装采用了现代设计风格，展现了加拿大的开放和包容。

20世纪90年代，冬奥会的服装设计继续将传统与现代相结合。1992年法国阿尔贝维尔冬奥会的服装设计体现了法国时尚大国的风采。1994年挪威利勒哈默尔冬奥会的服装设计注重环保和功能性，礼仪服装采用了环保材料，并结合了挪威的民族风格。1998年日本长野冬奥会的服装设计则充分体现了日本文化与现代创新的结合。

三、新世纪以来冬奥服装的创新发展

进入 21 世纪，冬奥会的服装设计在创新性上取得了显著进展，融合了现代科技和传统文化。

2002 年美国盐湖城冬奥会的服装设计强调了运动科技的突破和创新，采用高科技面料和功能性设计，提高了运动员的运动表现和舒适度。2006 年意大利都灵冬奥会的服装设计由意大利著名设计师主持，融合了意大利的艺术和时尚元素，礼仪服装采用了高科技面料和现代设计，展现了意大利的时尚和科技发展。2010 年加拿大温哥华冬奥会的服装设计不仅融合了加拿大多元文化，还结合了先进的材料和工艺。例如，颁奖服装为滑雪外套和功能性服装，展现了加拿大独特的运动服制作工艺和民族文化内涵。2014 年俄罗斯索契冬奥会的服装设计展示了俄罗斯文化的恢宏大气，颁奖服装采用了传统俄罗斯服饰的元素，同时结合现代设计，使服装既具有传统美感，又不失现代感。2018 年韩国平昌冬奥会的服装设计则将传统韩服与现代科技相结合，展示了韩国在文化传承和科技创新方面的进步。开幕式引导员的服装设计灵感来自传统韩服，但在材料和工艺上加入了现代科技元素，如 LED 灯等，体现了科技艺术在冬奥服装发展中的独特作用。

2022 年北京冬奥会进一步推动了冬奥服装设计的创新，特别是在扩展现实（XR）等科技手段的应用上，展示了中国在现代化与文化传承方面的成就。北京冬奥会的服装设计不仅结合了中国特色的服装语言，还融合了冬奥文化元素，展现了新时代中国自信、富强与开放的国际形象。

纵览冬奥服装发展的历史，冬奥服装从最初的实用性设计，逐步演变为注重传统文化与现代科技相结合的创新设计，体现出了各个国家的文化特色，也成为冬奥的一道亮丽风景线。

四、历届冬奥开闭幕式与颁奖服装特点

每届冬奥会服装都展现出不同的特色，从最初的采用厚重保暖材料到结合民族传统文化，再到逐步规范和引入现代时尚与科技元素，逐渐

形成了更为统一和规范的冬奥服装设计风格。前 5 届冬奥会的服装设计尚未形成统一规范，到 1952 年奥斯陆冬奥会才出现了专门为冬奥会设计的主题服装。到 20 世纪 60 年代后期，冬奥会的服装设计逐渐形成了规范化的体系，涵盖了开闭幕式、颁奖仪式等不同环节的服装。为嘉宾引导员、举牌礼仪人员、托盘员等特定角色设计的服装，使冬奥会的服装体系更加系统化和专业化。表 1-1 为 1952 年第 6 届到 2022 年第 24 届冬奥会开闭幕式服装与颁奖服装设计特点。

表 1-1　1952—2022 年历届冬奥会服装特点

届数	年份（年）	举办国家	举办城市	开闭幕式服装设计特点	颁奖服装设计特点
6	1952	挪威	奥斯陆	举牌礼仪人员男装上身夹克在左右胸口处分别有翻盖口袋，领口处的三角巾作为点缀，下身为宽松收腿裤。	托盘员服装设计为类似于滑雪服的轻便工装。上衣直身翻领收口袖设计，胸口装饰两个工装口袋，前门襟采用一排扣式。下身为高腰收口裤，腰部轮廓线紧束。
7	1956	意大利	科尔蒂纳丹佩佐	举牌礼仪人员上衣为深蓝色高领毛衣，下身为黑色修身长裤，搭配深色棉手套和深色运动鞋。	托盘员和引导员服装还原了传统民族服饰，共八套服装，形制相同，分为橙、绿、蓝、红等色系，面料和配色均参考意大利文艺复兴时期样式，主要由衬裙、紧身胸衣和胸衣插片组成。
8	1960	美国	斯阔谷	举牌礼仪人员男装为鲜亮的橘红色夹克外套，下装藏青色棉裤，头戴针织帽，搭配加绒皮靴与皮手套。外套腰部设计有两条工装风格的皮质腰带，左肩及右胸前饰有本届冬奥会的徽章。	托盘员服装共有五套，总体为当时流行的上衣针织衫，下装烟管裤的搭配方式。第一套为浅蓝色针织衫搭配白色毛绒背心和帽子，下装为黑色贴身收口裤；第二套为浅蓝色针织套头衫搭配浅蓝色毛呢裤；第三套为浅蓝色毛绒外套搭配同色系裤子；第四套为深色毛绒套装；第五套则为浅色针织衫搭配浅色毛呢束腰裙。

届数	年份（年）	举办国家	举办城市	开闭幕式服装设计特点	颁奖服装设计特点
9	1964	奥地利	因斯布鲁克	举牌礼仪人员男装为简练大方的浅灰色平领羽绒服。领口处为黑色面料设计，同时搭配藏青色棉裤，深色手套与皮鞋。	托盘员服装为紧身胸衣搭配传统的深色圆摆裙，内搭灯笼袖平领白色衬衫，袖口与领口有褶皱花边装饰。深蓝色围裙上点缀民族元素的浅色碎花圆点与格子图案。配饰为传统的蒂罗尔风格帽子。
10	1968	法国	格勒诺布尔	举牌礼仪人员上衣为套头式白色翻领运动夹克，下身为黑色紧身裤，搭配皮质贝雷帽、皮鞋和皮手套。	托盘员与引导员的服装为同款水绿色套装，下身半裙长度高于膝盖，脚蹬皮鞋，并搭配有一顶软帽和一双手套。
11	1972	日本	札幌	举牌礼仪人员服装为浅蓝色，腰部束带，呈现出短裙般下摆，服装造型简约美观。上衣为圆领，领口和袖口有一圈白色短绒毛。下装为浅蓝色直筒裤和白色平底鞋。	嘉宾引导员服装男女同款。托盘员服装是20世纪六七十年代流行的白色冬季大衣，翻领，宽腰带收腰，体现出阔形的风衣下摆。
12	1976	奥地利	因斯布鲁克	举牌礼仪人员帽子为蒂罗尔帽，服装为夹克外套、传统皮裤、绑腿与高帮靴子。外套的颜色共有四种，分别是酒红色、灰色、深蓝色和墨绿色。	本届冬奥会的颁奖服装与1964年冬奥会一脉相承，仍然沿用了因斯布鲁克的传统服装，只是这一届并没有佩戴蒂罗尔帽，因而使得整体感觉更加轻松活泼。颁奖服装的基本设计依旧由紧身胸衣、裙子、短衬衫和围裙组成。礼仪服装为传统深色圆摆裙与紧身胸衣。
13	1980	美国	普莱西德湖	举牌礼仪人员服装左胸口处有两条从肩部延展下来的蓝色饰边，连接冬奥会会徽。服装为直筒运动服，宽大圆领，配同色系直筒裤、针织帽和运动鞋。	第一款颁奖服装上半身省道进行收腰，口袋及门襟处点缀金色纽扣，有肩章。第二款颁奖服装是红色西服套裙。第一、二款颁奖服装配同色系帽子和手套。第三款为西装套装裙，上身是一件深色双排扣西服外套，搭配米白色打底衣，下装配以米白色及膝百褶裙。

届数	年份（年）	举办国家	举办城市	开闭幕式服装设计特点	颁奖服装设计特点
14	1984	南斯拉夫	萨拉热窝	举牌礼仪人员服装设计强调了人体肩部的轮廓，内搭白色修身上衣，配纯白手套。下身为贴体白色紧身裤，白靴。手套与靴子边缘都有凸条设计，分割了手臂与腿部线条，白色发带束在额间。护旗手男装为立领宽肩的白色外套，在腰部收束，形成一个倒梯形，上衣手臂神似充气结构。下身为纯白高腰长裤与腰带，手套与靴子使用引导员同款。	托盘员服装分为传统服装款式和时装款式。传统款体现民族特色，配褶皱领、丝绸头巾，服饰有精美的刺绣装饰，短夹克为无袖背心款，底边有流苏，内搭袖长至肘。时装款简洁干练，典雅的紫色翻领连衣裙搭配袖长过腕的泡泡袖，腰处同质同色腰带，裙长过膝，脚着长靴。
15	1988	加拿大	卡尔加里	举牌礼仪人员上衣为斗篷，配有白色手套和针织连帽围巾，下装为修身长裤配白色尖头的牛仔短靴。	嘉宾引导员服装为带有牛仔风格的西服套裙，并佩戴了卡尔加里白帽，下半身为褶皱半身裙，搭配低跟棕黑色牛仔靴。托盘员服装与开幕式引导员服装为相同的款式。
16	1992	法国	阿尔贝维尔	举牌礼仪人员服装为浅色紧身衣，脖颈到膝盖位置套着一个透明中空的椭圆形球体，球体内部装有大量形似雪花的装饰物，衣身腿部则由蓝色的折叠圆形构成，搭配深色短靴，头戴写有国家名称的扇形立牌。	颁奖仪式服装共分为室外引导员、室内引导员及室内儿童托盘员三款。室外颁奖服装外套通身以金属灰色为主，搭配灰白色套头衫和高领内搭。室内引导员上身为格子毛呢西装外套，内搭一件带有大蝴蝶结的白色衬衫，下身为蓝色法兰绒直筒半身裙。室内托盘员为儿童组合。女孩上身为藏蓝色连帽紧身衣，下身为半球形裙摆与白色打底袜，帽子上设计有五根球状装饰物；男孩身着藏蓝色紧身连体服。

届数	年份（年）	举办国家	举办城市	开闭幕式服装设计特点	颁奖服装设计特点
17	1994	挪威	利勒哈默尔	举牌礼仪人员服装以布纳德为基础，运用了较大尺寸的传统图案，将其铺满了整个服装，这种图案的排列方式与浓烈色彩所构成的视觉形象，给人以奔放热情的视觉感受。	引导员服装主要为深蓝色和红色的布纳德。深蓝色布纳德上身为一件无袖的"V"字形紧身胸衣和一件白色翻领衬衫，胸衣和裙子连接在一起并绣有花卉等传统图案，配有银色腰带和传统刺绣零钱袋作为装饰。托盘员服装分为女装和男装，仍然以传统的布纳德为基础。女托盘员服装分为蓝、红、灰三种颜色款式，都由上下分开的无袖胸衣、白色立领衬衫和长裙搭配而成。蓝色胸衣上配有精美的银饰，红色的"V"字形胸衣则拥有金线刺绣的图案，灰色的胸衣款式较为简洁，条状的花纹更具现代感。男性托盘员的服装形制同样来自挪威南部奥普兰地区的布纳德，总体呈现出趋于现代化的西装款式，上身一件羊毛夹克，内搭红色锦缎背心和一件棉麻制成的长袖衬衫，夹克以银色纽扣和袖扣作为点缀装饰，色彩细节上与女性托盘员的服装相呼应。下装则由长裤和收腿长袜组成，配有黑色亮皮鞋。
18	1998	日本	长野	举牌礼仪人员服装专为相扑力士和青少年设计。由相扑力士穿着日本传统的羽织和袴正装和小学生们一起分两路入场。这些少年穿着的上衣是各国国旗的配色，头戴纯白毛毡帽。男孩下身穿着纯白色的折纸元素裤子，女孩则穿着折纸元素的短裙搭配连裤袜。	引导员和托盘员都穿着日本传统的绘羽振袖和服，并搭配织锦袋及精致的盘发。与其他冬奥会统一的着装规范不同，长野冬奥会的每件礼仪和服在颜色和图案上都不一样，这种直接使用传统服装且每套都不同的做法是冬奥历史上较为独特的，也是日本给世界展现出的文化名片。

届数	年份（年）	举办国家	举办城市	开闭幕式服装设计特点	颁奖服装设计特点
19	2002	美国	盐湖城	举牌礼仪人员服装为男女同款，上身是一件乳白色羊角扣宽松毛呢大衣，下装为一条黑色直筒裤，脚穿黑色平底鞋。	托盘员服装为男女同款的灰色运动服，搭配了黑色皮鞋。嘉宾引导员的服装为全身纯白的长毛绒套装，并配有白色针织帽或发带，以及同色系的围巾、手套。
20	2006	意大利	都灵	举牌礼仪人员服装以白色为主体色调，上身是一件短毛呢外套，下身搭配长款裙摆，裙摆有深色山地纹样装饰，使服装整体如一座雪山。短毛呢外套为立领垫肩设计，在领口、袖口和前门襟处使用毛绒质感的面料，扣子使用盘扣，搭配一副白色手套。	颁奖服装分为室内与室外两款。室内颁奖服装为双排扣立领蓝色中长款毛呢大衣套装，内搭绿色高领毛衣。室外颁奖服装是绿色短款羽绒服，内穿蓝色高领折边毛衣。两款均在腰部与袖口有主视觉配色彩带装饰。
21	2010	加拿大	温哥华	举牌礼仪人员服装统一为白色羽绒服。女装为连帽收腰羽绒裙，压线间隙较窄，肩线较为挺阔。男装为直筒长款羽绒服，立领，整体横向压线较宽，肩部线条柔和。均佩有白色针织帽、手套和白色短靴。	颁奖礼仪服装共有三款，第一款引导员服装为以滑雪外套为灵感的大衣。第二款室内托盘员服装为双排扣的羊毛绞花针织大衣，源于加拿大原住民的编织工艺遗产文化。第三款户外托盘员服装为茧形派克大衣，衣缘采用了郁金香花式的线条造型，在胸部以下收腰，使"茧"的造型在外观上呈现出更强的雕塑感。
22	2014	俄罗斯	索契	举牌礼仪人员服装的头部有科科什尼克装饰，身着白色立领正肩紧身的包臀连衣短裙，搭白色长靴。两个环绕身体的半透明圆环，正反面印有英俄双语国家名称，侧面有蓝色传统图案装饰。圆环通过弧形金属杆支撑，增加了雪花状蓝色花纹的视觉效果。	引导员与室内外托盘员服装的帽子均为传统波雅卡帽。引导员服装的上衣为中长款立领藏青色羽绒服，搭配白色系的裤子、长筒靴和手套。托盘员服装分为室内、室外两款，上身穿着翻领短款羽绒服，下身穿的裙装与引导员服装同色，不同之处在于室外托盘员裙长过膝，室内则为膝盖以上。

届数	年份（年）	举办国家	举办城市	开闭幕式服装设计特点	颁奖服装设计特点
23	2018	韩国	平昌	举牌礼仪人员服装主体是传统的白色"V"字交叉领韩服，搭配白色裤装、靴子、手套与耳罩。在纯白色服装外，是由珠子、水晶和珍珠组成的透明裙摆。	颁奖服装分为两款，短款用于冰上项目，长款用于雪上项目。颁奖服装的设计灵感取自韩国传统服装中的冬季长袍和帽子，色彩使用了与韩国国旗相同的白、红、蓝配色，纹样结合了核心图形中的雪花纹样。女装的形制为交领上衣搭配半裙，男装是交领上衣与裤装。交领使用毛绒面料，有蓝与白两种配色，蓝色只使用在长款男性颁奖服装上。此款颁奖服装也是四款中唯一使用蓝色裤装的，其余裤装款式均为白色。
24	2022	中国	北京	举牌礼仪人员服装是一款中国旗袍样式的礼服，白蓝配色与冰雪的纯洁相呼应，雪花图案由中国传统结绳技艺编织而成，裙摆图案则以中国山水画为灵感。帽子的设计在服装造型中凸显独特的中国味道，充分体现出虎年特色，以素有"中国剪纸之乡"之称的蔚县的民间虎头元素为基础，创作出蓝白配色的虎头帽，在凸显冰雪特色的同时，展示出了清新的色调风格。举牌礼仪人员服装不仅是仪式性服装，还是表演性服装。引导员身穿蓝白相间的服装，手举雪花形状的引导牌，在开幕式中完成了精彩的表演。	颁奖礼仪服装共分三大主题，总计七套颁奖服装，分别适用于冰上场馆、雪上场馆和颁奖广场的礼仪人员。服装整体风格大气简约，以传统文化元素作为主要视觉符号。"鸿运山水"系列形制以中式服装风格为主，辅以西式服装的剪裁方式，袖子则运用了经由西式剪裁技术处理的灯笼袖。与服装搭配的帽饰造型简单，图案呼应裙摆，同样采用提花工艺织造的江山图形，整体造型大方时尚，视觉外观清新流畅。"瑞雪祥云"系列形制源于中国传统汉服深衣交领右衽、上衣下裳相连和对襟旋袄的款式，将中国传统绘画中金碧山水的经典技法转化为刺绣的形式，从冬奥核心图形中提炼出的山形与雪道线条元素被用于裙摆，做到了以现代设计的手法展现中国韵味。"唐花飞雪"系列设计灵感源自中国传统唐代织物上的装饰图案，精简了宝相花纹样和雪花图案，采用了汉唐服饰衣领的基本形式——交领右衽。女装裙摆挺括呈"A"字形，富有汉唐余韵的同时又饱含现代精神。

第二节　冬奥服装的文化特色

冬奥会不仅是全球瞩目的体育盛事，也是展示各国文化与科技的重要舞台。历届冬奥会服装设计中都融合了鲜明的民族特色和国际化元素，体现了主办国的文化底蕴和时尚理念。在冬奥服装的设计中，最重要的是要做到本土化与国际化结合、表演性与叙事性结合、创新设计与技术进步结合。这三个方面共同构成了冬奥服装的文化特色和设计要求。

一、本土化与国际化结合

每一届冬奥会的主办国都在服装设计中注入了浓厚的民族元素，体现了各自的文化底蕴，展示了丰富多彩的传统文化。冬奥会服装设计在历史发展过程中逐步形成了鲜明的本土文化与国际语言相结合的特色。

在奥运文化研究中，有不少学者进行过相关的表述。代依莎等在《北京 2022 年冬奥色的传统与时尚》[1] 中从传统色彩体系和当代潮流的角度分析了北京冬奥服装的色彩设计，即通过五主色、五间色和三辅色展现冰雪运动主题和中国文化底蕴。2022 北京冬奥会制服设计师贺阳在《蕴含传统造物思想的冬奥会制服设计》[2] 一文中说明了北京 2022 年冬奥会如何在制服设计中融入中国人民的精神风貌和时代风尚，并详述了冬奥会制服的创意来源、色彩选择以及款式与功能设计。贺阳指出冬奥会制服设计深受中国传统造物思想的影响，强调"节用"和"慎术"的理念。制服设计不仅考虑了材料的节约和技术的审慎应用，还在款式、色彩和图案上体现了中国传统文化的深厚底蕴。

通过对世界冬奥服装历史研究，我们可以发现民族性或者说本土化，是在服装文化中首要考虑的因素。例如，1964 年奥地利因斯布鲁克冬奥会采用了奥地利传统民族服饰，展现了奥地利丰富的文化传统。颁奖服

---

[1]　代依莎、冷静：《北京 2022 年冬奥色的传统与时尚》，《美术观察》2022 年第 2 期。

[2]　贺阳：《蕴含传统造物思想的冬奥会制服设计》，《中国艺术》2022 年第 1 期。

装采用了奥地利民族节日中的传统服装，体现了浓厚的地方特色。1972年日本札幌冬奥会首次将和服元素融入颁奖服装中，同时结合现代设计，使服装既具有传统美感，又不失现代感。和服的腰带、袖口和领口等细节设计均体现了日本传统的和谐美学。1988年加拿大卡尔加里冬奥会的服装设计融入了来自原住民文化的元素，如"第一民族"的图腾和法国殖民时期的服装风格。

"民族的就是世界的"——本土化又往往与国际化相辅相成，辩证统一。苏金成在《奥林匹克视觉形象设计中的民族文化》[①]中对历届奥运会的视觉形象设计进行了回顾和分析，指出奥林匹克视觉形象设计的根本原则是将奥运精神与举办国的传统文化相结合，要体现出各国独特的人文风俗与时代感。冬奥服装的设计要与视觉形象设计相一致，不仅要反映奥林匹克精神，还必须融合举办国的独特文化元素，做到时代感和民族特色兼具。

冬奥会作为全人类的盛事，服装设计在突出民族特色的同时，也融合了全球时尚元素和现代设计理念。每届冬奥会的主办国在设计中既要展示自身的文化特色，又要符合国际观众的审美。2006年意大利都灵冬奥会的服装设计由意大利著名设计师主持，颁奖服装和开幕式服装不仅结合了意大利的艺术和时尚元素，还采用了高科技面料和现代设计，充分体现了国际化的特点。意大利的设计风格讲究线条的流畅和优雅，以及色彩的大胆运用，使得每一件礼服都如艺术品般精致。2014年俄罗斯索契冬奥会的服装设计展示了俄罗斯文化的恢宏大气，礼仪服装采用了传统俄罗斯服饰的元素，如镶金边的长袍和传统头饰，同时结合现代设计，使服装既具有传统美感，又不失现代感。

冬奥会服装设计在本土化与国际化相结合方面展现了其独特的魅力。通过这些设计，不仅展示了主办国的文化和科技成就，也推动了全球冬季运动服装的发展，为冬奥文化的传承和创新作出了重要贡献。

---

① 苏金成:《奥林匹克视觉形象设计中的民族文化》,《江苏科技大学学报（社会科学版）》2009年第3期。

二、表演性与叙事性结合

冬奥会作为全球瞩目的盛会，其仪式环节如开闭幕式和颁奖仪式既是竞技成绩的展示，更是文化表演的重要环节。在冬奥会服装设计中，表演性与叙事性特点尤为突出。

冬奥会的服装设计具有强烈的表演性特点，表演服装设计强调服装的视觉效果和舞台表现力，能在视觉效果上给观众带来冲击。在国际奥委会的官方用词中，冬奥颁奖服装原文是"costume"，意为表演服装。郑丹蘅等在《大型运动会开幕式表演服装研究》[①]中，从表演性和仪式的角度，分析了大型运动会开幕式服装的设计和文化传播价值。文章通过对20世纪90年代以来八个具有代表性的大型运动会开幕式表演进行研究，归纳总结了表演服装的功能、特征及其材料、色彩和样式的创作设计特点。张虹在《对奥运会开幕式表演作品服装设计的研究》[②]中，通过对第24至27届奥运会开幕式表演服装的分析，指出奥运会开幕式服装设计的表演性，重点强调了服装设计在烘托主题、展示民族特色和创新表现等方面的特点。王成等在《奥林匹克仪式变迁及其当代价值》[③]一文中梳理了奥林匹克仪式的发展历程。奥林匹克仪式经历了从宗教祭祀到艺术表达的转变，开幕式通过庄严隆重的仪式和创意表演展示举办国的文化，奠定奥运会的基调。闭幕式则以欢庆为主，将整个奥运会的氛围推向高潮。牛静等在《论现代奥运会开幕式从仪式到展演的历史流变》[④]中探讨了奥运会开幕式从传统仪式向现代表演的演变过程，以及其中表演性越发突出的规律。开幕式的形态结构，包括时间、空间、器物、角色和行为，经历了显著变化，从而使开幕式的本质从仪式转向了"展演"。肖红

---

① 郑丹蘅、焦敬伟：《大型运动会开幕式表演服装研究》，《体育文化导刊》2008年第6期。
② 张虹：《对奥运会开幕式表演作品服装设计的研究》，《体育科学研究》2006年第3期。
③ 王成、田雨普：《奥林匹克仪式变迁及其当代价值》，《体育文化导刊》2008年第12期。
④ 牛静、马法超：《论现代奥运会开幕式从仪式到展演的历史流变》，《体育与科学》2012年第1期。

等在《现代奥运会开幕式表演的历史变迁、机制和启示》①一文中,梳理了奥运会开幕式表演的发展历史,受到奥林匹克运动内涵价值的定位、社会政治经济的牵制等多重因素综合作用,奥运会开幕式不断调整和优化自身,最终形成集综合性现代化体育与艺术于一体的大舞台。

结合对于奥运文化和仪式的研究,可以看到奥运活动中仪式和表演的重要作用。同理,作为冬奥会文化活动中的重要一环,冬奥会的服装设计的外在呈现性往往体现出强烈的表演性。通过服装的视觉效果和演员身着服装表演的舞台表现力,给观众带来强烈的视觉冲击。通过创新的设计元素和对色彩、材料的精心选择,冬奥会的表演服装能够有效地展示活动特色,烘托主题,增强整体表演的感染力和艺术表现力。

叙事性与表演性紧密相关。叙事性是指通过具体的内容、文化符号和情节来传达丰富的文化内涵和故事。叙事性使服装不仅是视觉装饰,更成为传递文化、历史和民族精神的媒介。例如,通过在服装设计中融入传统的图案和颜色,观众可以感受到主办国的文化特色和历史背景。情节叙事则指通过服装的变化和搭配,展现特定的故事情节和主题,体现冬奥会作为全球文化交流平台的独特价值和意义。

现代奥运会开幕式的表演形式经历了从简单仪式到复杂表演的演变过程。早期的开幕式以体育仪式为主,而现代开幕式融合了舞蹈、音乐、戏剧和高科技展示,形成了多元化的表演形式。通过表演性和叙事性的结合,观众能够直观地理解和欣赏不同文化的独特之处,同时也提升了开幕式和闭幕式的整体艺术水平和文化深度,达到了文化交流传播的效果。

开幕式和闭幕式的大型文艺演出是展示主办国历史文化的重要途径,而在仪式活动中融入文化符号和叙事情节是现代奥运中的重要特点。2004 年雅典奥运会开幕式以古希腊文化为主题,表现出"高贵的单纯和静穆的伟大"。这种表演形式不仅展示了希腊文化,还提升了奥运会的艺术性和观赏性。2012 年伦敦奥运会开幕式通过展示莎士比亚、工业革命

---

① 肖红、肖光来:《现代奥运会开幕式表演的历史变迁、机制和启示》,《北京体育大学学报》2015 年第 3 期。

等英国文化要素向观众传递英国的文化，而 2014 年的索契冬奥会对于俄罗斯历史故事的表演也给人留下了极为深刻的印象。

三、创新设计与技术进步结合

冬奥会的服装设计在创新性上取得了显著进展，一方面是随着时尚潮流和审美趣味的变化而产生的革新，另一方面则得益于技术发展的推动。每届冬奥会都通过服装设计展示主办国在时尚领域的独特视角和文化底蕴。

在文化和设计语言创新层面，历届冬奥服装往往能做到对于本国的传统文化进行创造性的更新运用。北京冬奥会制服设计师贺阳在采访中探讨了 2022 年北京冬奥会和冬残奥会制服的创新设计理念，并从设计师的角度提出在设计过程中所面临的挑战和解决方案，以及如何在服装设计中体现中国传统文化和现代科技的融合。贺阳强调，奥运制服的设计不仅要传达出中国传统文化，还要融入年轻时尚的元素，同时满足防风保暖等功能性需求。[①] 设计团队巧妙地将冬奥会的雪山、赛地、长城等标志性要素，与代表中国的《千里江山图》等传统文化要素相融合，在冰雪运动服装设计中融入了水墨画等韵味，展现出浓郁的中国风。冬奥服装通过将传统文化与现代语言相结合，不仅丰富了视觉效果，更传递了深刻的文化内涵，使其在展示民族特色和创新精神方面具有独特的表现力。

在功能性与科技结合的创新层面，贺阳介绍了冬奥制服在功能性上的设计考量，如防风护领立领、保暖导湿面料、透气覆膜外料等。通过使用高科技材料，如具备瞬间蓄热和长久保温功能的絮片，确保了服装在严寒环境中的实用性和舒适性。羽绒服设计还包含多种辅助功能，如呼吸孔、雪镜清洁布、隐形拉链等，这些细节经过多次实地测试和修改，最终兼顾了实用性和美观性。由此可见创新设计在服装设计中具有重要意义，既提升了服装的美学价值，也实现了功能性与文化内涵的完美

---

① 《奥运制服,冬奥会场一道靓丽的风景线——专访奥运服装设计师、北京服装学院教授贺阳》,《中国纺织(英文版)》2022 年 1 期。

统一。

现代通信技术和数字媒体的发展为冬奥会服装设计的创新提供了新的平台和思路。科技的进步极大地丰富了开幕式的表演手段。从全息投影到扩展现实技术，现代开幕式利用高科技手段打造了震撼的视觉效果。虚拟现实（VR）、增强现实（AR）和混合现实（MR）技术的应用，使得服装设计不再局限于物理空间。例如 2018 年平昌冬奥会的开幕式服装在传统韩服的基础上加入了 LED 灯等科技元素，展现出独特的光影效果，使表演更具视觉冲击力和现代感。通过这些设计，冬奥会不仅展示了体育竞技的魅力，还通过服装表演增强了文化展示的效果，提升了整体活动的舞台感和观赏性。2022 年北京冬奥会则进一步推动了冬奥服装设计的创新，特别是在全息投影等科技手段的应用上，展示了中国在现代化与文化传承方面的成就。特别是在 2022 年"相约北京"奥林匹克文化节中，虚拟偶像洛天依的表演通过 AR 技术，将传统文化元素与未来科技融合在一起，在与主持人龙洋的互动中呈现出虚实交错的视觉效果。虚拟偶像洛天依的服装设计是 3D 建模技术与传统服装设计元素的创新融合使用，把冰雪元素应用在专业花样滑冰服装，展示了运动的美感与表演功能性的结合。这些创新设计有助于增强舞台表演效果，同时展示了科技在服装设计中的重要作用，使冬奥服装设计不断迈向新的高度。

总体而言，技术进步为冬奥会服装设计带来了巨大的创新空间，使得每一届冬奥会的服装设计不仅能展现主办国的文化特色，还能通过高科技元素和现代设计提升其功能性和观赏性。冬奥会服装设计的创新，不仅是技术发展的体现，更是对未来体育和文化交流的美好愿景的实践。

第三节　冬奥服装作为奥运遗产的意义

作为冬奥文化的重要组成部分，服装设计承载着丰富的文化内涵和历史记忆。冬奥服装作为奥运遗产，其背后蕴含的文化意义，其在保护与传承、开发与利用方面的作用，以及作为博物馆收藏的珍贵价值值得我们关注，研究冬奥服装所带来的多重价值及其对未来文化遗产保护的启示具有重要的意义。北京冬奥会遗产具有正向性、可持续性、继承性、多样性和本土性特点，并具有促进京津冀协调发展以及"双奥之城"的奥运传承两个独有特点。①徐子齐等在《"可持续发展战略框架"下北京冬奥会城市遗产愿景实现探究》②中探讨了北京冬奥会城市遗产的创造路径，提出"可持续发展战略框架"，在设施建设、城市生态、组织治理和人文建设四个方面为北京冬奥会城市遗产的创造提供了策略。

作为冬奥遗产的组成部分，冬奥服装承载着丰富的文化内涵和历史记忆，不仅在文化传承与保护、传播与创新方面具有重要意义，还具有一定的经济和社会价值。其实体作为博物馆收藏的珍贵价值，有助于保存和展示历史记忆，教育和启发未来的观众。在冬奥遗产保护视角下对于冬奥服装文化的研究，可以为未来的文化遗产保护提供经验和启示，保障冬奥的遗产活化和可持续发展。

一、奥运遗产的研究体系

国际奥委会 2014 年通过的改革方案《奥林匹克 2020 议程》中提出了三大理念："公信力、可持续发展、青少年"，其中 40 条建议都重点强调可持续性和奥运遗产，致力于将可持续性融入奥运会的各个方面。北京冬奥组委 2019 年对外发布《北京 2022 年冬奥会和冬残奥会遗产战略计划》，明确了通过筹办北京冬奥会，努力创造体育、经济、社会、文化、环境、城市发展和区域发展 7 方面的丰厚"奥运遗产"③。《北京 2022 年冬奥会和冬残奥会遗产战略计划》体现出了冬奥遗产的全面性和复杂性。北京冬奥组委针对北京冬奥会遗产在北京冬奥组委组织架构里设置了遗产管理处，在机制上保证北京冬奥会文化遗产的可持续发展，但在学术角度仍有大量可以深入研究的领域。

---

① 孙葆丽等：《奥运遗产特点架构研究》，《天津体育学院学报》2021 年第 4 期。
② 徐子齐等：《"可持续发展战略框架"下北京冬奥会城市遗产愿景实现探究》，《成都体育学院学报》2020 年第 4 期。
③ 张青青等：《调查报告：当前公众对办好北京冬奥的新期待》，《国家治理》2021 年第 12 期。

刘婧怡等在《北京冬奥会遗产研究》^①一文中分析了北京冬奥会的影响，指出北京冬奥会不仅充分完成了国际奥委会遗产内容的"规定动作"，同时深挖本土遗产，提出了具有中国特色的"北京方案"。在体育遗产方面，北京冬奥会极大地推动了冰雪运动在中国的普及与发展，成功实现了"带动三亿人参与冰雪运动"的目标。在经济社会发展方面，冬奥会为区域经济带来了长远的积极影响，冰雪产业的快速发展带动了相关产业链的成长，形成了良性循环。

奥运遗产的保护与传承、开发与利用、价值与管理等方面的内容是文化遗产研究体系的重要构成。遗产保护包括对奥运历史遗迹、纪念物和传统的保存，确保这些文化资源能够代代相传。开发与利用涉及如何在现代社会中有效地使用这些遗产，使其不仅具有历史价值，还能在当前经济和文化发展中发挥作用。遗产价值与管理则关注如何评估奥运遗产的多维价值，包括文化、教育、经济和社会价值，并制定适当的管理策略，以实现其长期可持续发展。整体而言，这些研究内容形成了一个综合的框架，指导各国在奥运文化遗产的保育和创新利用上采取系统和有效的方法，从而促进文化传承和社会进步。

值得注意的是，奥运遗产的概念与内涵是不断发生变化的。最重要的转向在于从原来的奥运建筑、奥运藏品等有形遗产扩展到能影响人类和社会可持续发展的精神与文化范畴。早期的奥运遗产研究主要集中在物质文化遗产，如比赛场馆、纪念碑和奥运会相关的物品收藏。但随着对奥运遗产价值的深入认识，其研究范围逐渐扩展到包括奥林匹克精神、运动员故事、社会影响等无形遗产。这一转向反映了现代社会对可持续发展的关注，强调奥运遗产不仅仅是静态的历史记录，更是动态的社会资源，能够激发公众的参与和认同，推动社会进步和文化交流。通过重视精神和文化遗产，奥运遗产研究不仅丰富了文化遗产的内涵，也提升了其在现代社会中的实际应用价值。

随着各主办国、主办城市对于奥运文化遗产的重要性认识不断提高，

---

① 刘婧怡、孙葆丽：《北京冬奥会遗产研究》，《沈阳体育学院学报》2023 年第 4 期。

文化遗产可持续性研究呈现出多元化的格局，包括理论研究、政策研究、产业研究，等等，在学界构成了"奥运遗产学"的专门领域。具体来说，在理论研究方面，学者们深入探讨奥运遗产的概念、内涵及其演变，关注其在文化、社会、经济和环境等多个维度的价值。这些研究为奥运遗产的保护与开发提供了坚实的理论基础。在政策研究方面，各国政府和相关机构制定和实施了一系列政策，以促进奥运遗产的有效管理和可持续利用。这些政策包括法律法规、保护措施、发展规划等，旨在确保奥运遗产在未来的长期保存和利用中发挥积极作用。在产业研究方面，奥运遗产作为一种独特的资源，具有巨大的经济潜力。通过开发相关的文化旅游、体育产业和教育项目，不仅可以促进当地经济发展，还能增强公众对奥运遗产的认知和参与度。这些多元化的研究方向相互补充，共同构成了奥运遗产学这一专门领域，为奥运文化遗产的可持续发展提供全面的理论和实践支持。

二、作为文化与美学的冬奥遗产

作为典型的冬奥文化遗产，冬奥会的仪式庆典不仅可以追溯到古代西方的庆典仪式中，还在现代冬奥会中具有重要地位。西方"礼仪"一词据说始于法语的 etiquette，原意是"法庭上的通行证"[①]，后引申出仪式、典礼、习俗等意思。现代冬奥会在继承古代奥运会传统文化习俗的基础上，不断发展了相关规则。奥运传统文化习俗包括四年一届、燃烧圣火、宣誓仪式和颁奖仪式等经典环节。[②]作为仪式的重要组成部分，颁奖服装体现了主办国的文化特色和冬奥理想，在冬奥的整套仪式中有着不可或缺的作用。

礼，最初指祭神的器物和仪式，殷代已十分重视。《礼记·祭统》中有云，"祭祀即礼"，强调的是祭祀活动本身就是一种礼仪，祭祀中的服装是礼的重要组成部分。中国具有深厚的礼仪传统，并在千年间形成了系统完善的服装文化。古语云"垂衣裳而天下治"，可见服装在各民族的

①　蒋璟萍主编：《现代礼仪》，清华大学出版社2009年版，第14页。
②　参见金正昆主编：《人文奥运与涉外礼仪》，首都经济贸易大学出版社2008年版，第29页。

文化体系中都起到了十分重要的作用。中国的礼仪服饰不仅是保暖与装饰，更是身份角色、社会秩序、道德规范的体现。例如汉代的"冠服制度"规定了不同等级官员的服装款式、颜色和配饰，严格区分社会地位。唐代的服饰更是色彩丰富，讲究华丽，象征着国家的繁荣和文化的昌盛。明清时期，服装的设计更为复杂，体现了高超的手工技艺和艺术水平，同时也严格遵循礼仪规范，体现了社会的伦理秩序和宗法观念。从民族角度来看，中国的少数民族也有独特的服饰文化，反映了各自的风俗习惯和精神信仰。例如，满族的旗袍和蒙古族的长袍不仅在节庆和礼仪活动中穿着，还体现了他们的历史文化和生活方式。藏族的服饰则充满宗教元素，通常在重大宗教节日和仪式上穿戴，表达对神灵的敬畏和崇拜。

北京 2008 年夏奥会是对中国传统服饰文化的现代演绎，出现了由设计师尤珈设计的"青花瓷"系列颁奖服装等优秀设计作品。从文化遗产角度来看，探索建立中国冬奥颁奖服装设计及活动使用标准，为今后的奥运庆典活动提供服装范式，有利于让中国文化在国际体育赛事上发扬光大。通过整理冬奥会颁奖服装的有效标准数据，结合相关文化活动、宣传推广、媒体与转播、档案管理等环节，可为相关奥运庆典仪式及大型赛事的颁奖服装提供可行性技术指标。这些活动不仅推广了中国的礼仪服饰文化，还留下了丰富的文化遗产和档案资料，成为研究中国现代礼仪服饰的重要资源。

从更深层次的角度思考，奥运遗产不仅是实体化的，同时是一种文化和美学层面的遗产。何子豪等在《中华文化符号的美学表达与跨文化传播研究——以北京 2022 年冬奥会开幕式为例》[①]中，从符号学的视角，分析了北京冬奥会开幕式在中华文化上的美学表达和跨文化传播中的创新实践。北京冬奥会开幕式展示了中国的文化自信和创新能力，不仅是有形的历史文化展示，更通过聚焦世界共同的未来，体现了自我与他者平等交流的文化理念。

---

① 何子豪、刘兰：《中华文化符号的美学表达与跨文化传播研究——以北京2022年冬奥会开幕式为例》，《国际传播》2022 年第 2 期。

三、服装作为一种奥运遗产

近 20 年来，世界范围内的奥运文化遗产保护工作趋于深化与成熟。在北京 2022 年冬奥会遗产战略计划中，文化遗产指在以体育为主题，以文化为内容，策划组织文化活动、宣传推广、媒体与转播和档案管理等领域的遗产成果。

冬奥会文化遗产是承办国和举办城市的重要财富，具有正向性、可持续性、继承性、多样性和本土性的基本特点。[①]冬奥遗产具有可持续的重要作用，在冬奥结束后，能够继续为主办地在文化、经济、生活等层面产生贡献。胡孝乾等人在《国际奥委会〈遗产战略方针〉框架下的奥运遗产愿景与治理》[②]中指出，奥运遗产与可持续发展密切相关。在冬奥会结束后，部分冬奥服装被收藏到博物馆，作为奥运文化遗产展出。这些服装不仅记录了冬奥会上的辉煌成就，还成为了研究冬奥文化和服装设计的重要资料。同时，冬奥服装设计理念和技术也被应用于后续的体育用品开发中，推动了相关产业的发展。做好冬奥会服装文化遗产的可持续发展研究有三个方面的重要意义。

首先，有助于加快推进建设体育强国，充分发挥冬奥文化遗产价值，推进体育文化发展。冬奥会服装文化的活化与推广，可有助于深入挖掘和弘扬冬奥文化的独特价值，例如在冬奥服装设计的社会征集活动和发布活动中，就营造了很好的社会话题，激发了全民关注冬奥和参与冰雪运动的热情，塑造了良好的冬奥氛围，有力推进体育强国建设。这不仅提升了公众对冬奥文化的认知，还保护和传承了文化遗产，增强国家文化自信，丰富体育文化的内容和形式。

其次，有助于提升冬奥会城市所在地的文化软实力，打造世界文化名城。冬奥会是世界关注的舞台，而冬奥服装是舞台上一道亮丽的风景线，代表了一座城市的风貌和底蕴，能够最集中、最生动地体现出主办城市的风采。因此冬奥服装对举办城市文化软实力提升具有重要意义，

---

① 孙葆丽等：《奥运遗产特点架构研究》，《天津体育学院学报》2021 年第 4 期。
② 胡孝乾等：《国际奥委会〈遗产战略方针〉框架下的奥运遗产愿景与治理》，《上海体育学院学报》2019 年第 1 期。

能够增强城市的国际知名度和文化影响力，开展文化交流活动，吸引全球游客。

最后，对冬奥会服装文化的研究和推广能够推动服装产业链的优化升级，提升服装设计、生产和销售的整体行业竞争力和创新能力。通过结合民族文化元素，打造具有国际影响力的民族服装品牌，增强市场竞争力和文化认同感。这既促进了服装产业的壮大，还带动相关文化创意产业的发展，如文化旅游、展览展示和文化传播，形成新的经济增长点，助力社会经济的高质量和可持续发展，实现文化与经济的协调进步。

冬奥服装作为奥运文化遗产的重要组成部分，具有展示主办国文化、传承奥运精神、推动相关产业发展的重要作用。冬奥服装文化遗产凝结着奥运文化内涵与本土文化特色，是流传于世的重要文化资源，具有重要、不可取代的文化价值。各主办国的冬奥服装均被作为重要的冬奥遗产进行保存并力图实现可持续发展。通过保护和传承冬奥服装文化遗产，不仅能够推动体育文化的建设和发展，还能提升主办地的文化软实力，促进经济社会的可持续发展。

四、奥运服装的公教与传播意义

奥运会设施建设是城市发展的重要动力之一，通过完善基础设施，可促进城市经济和社会的发展。冬奥遗产不仅包括体育场馆和公共交通等基础设施，其实还包括与之相配套的文化基础设施，如图书馆、博物馆等。其中，以博物馆建设为导向的文化基础设施建设在冬奥的公共教育与文化传播方面有重要意义。

冬奥服装文化在博物馆中的收藏和研究，蕴含着深远的意义与价值。这些独特的服装不仅传承和保护了丰富的文化遗产，展现了举办国的文化精髓与时代风貌，更为艺术与设计领域提供了宝贵的研究素材。高性能的功能性设计背后，蕴藏着先进的技术与材料科学的智慧。冬奥服装作为体育历史的重要见证，记录了不同国家和地区在各个历史时期的体育文化与竞技精神，通过博物馆的展览，这些珍贵的历史得以系统地呈现，唤起公众对体育文化的热爱与认知。同时，博物馆作为教育和展示的平台，不仅向大众普及冬奥会的文化知识，还激发了年轻一代对服装设计、体育运动和文化传承的热情。冬奥会这一国际化盛会，通过其服装设计，架起了各国文化交流的桥梁，展示了全球文化的多样性与包容性。由此可知，冬奥服装文化在博物馆的收藏和研究，不仅在文化、艺术、技术与历史方面具有深远影响，更为教育与国际交流带来了积极的推动力量。

北京冬奥会结束后，在鸟巢体育场附近新建了北京奥运博物馆。作为一个重要的展示平台，博物馆集中呈现历届冬奥会的服装设计，展示其背后的文化故事和设计理念，使观众得以领略冬奥服装的文化内涵与艺术价值。这座博物馆不仅为这些珍贵服装提供了永久的存放与展示空间，系统记录和保存了体育历史的重要见证，还通过展览和互动活动向公众普及冬奥知识，激发年轻一代对于体育文化、服装设计及科技应用的热情。作为一个国际化展示平台，博物馆汇集了全球各国的冬奥会服装设计，促进了国际文化交流与合作，为学术界和服装设计领域提供了一个研究和创新的平台，推动了服装产业的进步，增强了全球对冬奥文化的理解和认同。新建的奥运博物馆是一个文化地标，将吸引大量游客，促进北京当地旅游业和经济的发展，推动文化产业的繁荣。北京奥运博物馆的设立，为冬奥服装文化的传承、展示、教育、研究、国际交流及经济发展带来了深远而积极的影响。

第二章　早期冬奥服装文化的开端与探索

冬季奥林匹克运动会自 1924 年在法国夏慕尼首次举办以来，逐渐发展成为一项重要的国际赛事。其赛事由 1 月 25 日至 2 月 5 日在勃朗峰举行，1926 年由国际奥委会追认为第一届冬奥会。早期冬奥会的服装文化在简约实用的基础上，逐步融入了各国的传统文化与民族特色，形成了独特的视觉风格。最初，冬奥会的服装设计注重功能性，采用毛呢、羊毛等材料，运动员和礼仪人员的服装多为传统民族服饰，这些服饰不仅具有保暖功能，也在仪式庆典中展示了各国独特的文化底蕴。

到 20 世纪 20 年代，冬奥会服装文化开始逐步规范和成熟，特别是在 1928 年瑞士圣莫里茨冬奥会中，参赛国家和运动员数量增加，服装设计更为统一，并融入了各国的民族元素。通过精心设计的颁奖服装和开闭幕式服装，冬奥会既展现了运动的竞技精神，也成为展示主办国文化与传统的重要平台。

20 世纪初期的冬奥服装还受到当时欧洲时尚潮流的影响，休闲运动服装逐渐成为时尚的一部分。随着工业化的发展，化学纤维材料的应用使得冬奥服装的款式和功能性得以提升，推动了运动服装和体育装备的创新。在这个阶段，冬奥服装反映了全球体育发展的趋势，也体现了各国在现代化进程中对传统文化的继承与创新。这种文化的积累和创新为后续冬奥服装设计的发展奠定了基础。

第一节　冬奥的源起与冬奥服装的萌芽

冬奥与冰雪紧密相关，雄伟壮丽的阿尔卑斯山区几乎横跨了欧洲大陆的中南部，提供了冰雪运动最理想的天然场所。作为世界上最著名的山脉之一，阿尔卑斯山脉正是欧洲西部最高的山脉，素有"欧洲屋脊"的美誉。山脉以北是温带海洋性气候，而南部是地中海气候，特殊的地理位置使山脉主体几乎全年都处于低温高寒气候的范围内。仅仅在这座山海拔 2000 米左右的位置，全年的平均气温就低至 0 摄氏度。时间若是来到冬季，此时山体积雪的深度甚至可以达到 3~10 米，而山顶部分的冰雪终年不化。因其独特的风景地貌，为冬季奥运赛事，尤其是对地理环境有特殊要求的高山滑雪等项目创造了天然的场地条件。

走进阿尔卑斯山区，巍峨连绵的山脉之间散落着明镜似的澄澈湖泊与绵延不绝的高山草甸。许多欧洲的知名河流从此地蜿蜒而出，例如静静流淌过无数岁月的多瑙河与莱茵河。终年不化的山巅积雪注视着山下鼎沸的万家灯火，伴随着不断翻滚着的流云的身影，在和煦阳光的照耀下熠熠生辉。换言之，阿尔卑斯山区那丰富多变的地形与海拔的巨大落差共同造就了天然的冰雪运动胜地。

得益于阿尔卑斯山区天然的环境优势，滑雪运动在这里有着相当古老的传统。阿尔卑斯山区从法国东南部隆起的山体绵延 1200 千米，呈弧形向北部和东部延伸，整体呈东西走向，经过意大利北部、瑞士南部、列支敦士登、德国西南部以及斯洛文尼亚，东止于奥地利的维也纳盆地。虽然在地理上，高耸的阿尔卑斯山如一道天然屏障分隔开不同的国家，但是在文化的脉络上，基于相似的地理与气候条件的影响，法国东南部、意大利北部、德国西南部、奥地利西部、瑞士南部等地自然而然地产生了一些冬奥文化层面上的共同点，滑雪运动的历史十分悠久。可以说，阿尔卑斯山区已然成为一个实际的冬奥文化区。

一、阿尔卑斯山区的冰雪运动传统

1890 年奥地利的茨达尔斯基发明了适合阿尔卑斯山区特点的短滑雪板滑行技术。[①]1907 年，阿尔卑斯滑雪俱乐部在英国创立，这是世界上第一个高山滑雪组织。20 世纪 20 年代，阿尔卑斯山区连续举办了两届冬奥

---

① 曾吉：《冬奥会项目列入年代和起源探讨》，《体育文化导刊》2006 年第 7 期。

会——1924年法国夏慕尼冬奥会和1928年瑞士圣莫里茨冬奥会，这与该地区悠久的滑雪运动历史密不可分。值得一提的是，与阿尔卑斯山脉接壤的法国、意大利、瑞士、德国、奥地利都举办过冬奥会，例如法国就在1924年、1968年及1992年分别举办过三次冬奥会，其中的1924年法国夏慕尼冬奥会更是史上第一届冬季奥运会。在圣莫里茨冬奥会上，来自美国的家庭主妇运动员格雷琴·弗雷泽夫人赢得了圣莫里茨女子特别回转赛的冠军（如图2-1）。

图 2-1　圣莫里茨冬奥会上的家庭主妇运动员

首次举办冬奥会的夏慕尼背倚阿尔卑斯山的最高峰勃朗峰。这座雪山正位于法国上萨瓦省与意大利瓦莱达奥斯塔的交界处，海拔高达4810米，既是西欧的最高峰，也是滑雪爱好者们的天然练习场。得益于得天独厚的地理条件，冬奥的种子在阿尔卑斯山脉顺利发芽。

截至2024年，历史上共计举办了24届冬奥会，共有10届主办城市坐落于阿尔卑斯山脉。我们能够看到，在冬奥会发展的早期，比赛场地十分依赖天然的地理条件，坐拥世界闻名的滑雪胜地阿尔卑斯山，其周边国家当仁不让成为举办冬奥会的主力军。但是从20世纪80年代起，人工造雪技术发展，科技手段逐渐丰富，冬奥会的主办城市也开始向全球各地转移，但整体上还是以气候寒冷、拥有自然雪山资源为先决条件进行主办城市的竞选。

二、中欧地区的传统服装使用

阿尔卑斯山脉多国接壤，每个国家都有独属于本国的服饰文化特色，但相似的地理环境，以及西欧各国历史、文化长久以来的互相交融，造就了阿尔卑斯地区相似的传统民族服饰。最具代表性的是迪恩德尔裙（diendel）。迪恩德尔裙不只是法国的特色服装，在奥地利蒂罗尔州、德国巴伐利亚州、意大利南蒂罗尔等地区都保持着几乎相同的服装形制与穿着方式。因此，迪恩德尔裙多次作为阿尔卑斯地区当地传统民族服饰亮相冬奥会。

法国是一个以法兰西民族为主体的国家，还有阿尔萨斯人、布列塔尼人、科西嘉人、佛拉芒人、加泰隆人和巴斯克人等少数族裔。法国传统民族服饰呈现很强的地域性，每个地区的传统民族服饰都有其独特的特点。在法国品类繁多的民族服饰中，阿尔萨斯地区的传统服饰与德国巴伐利亚地区的服饰风格相近。第二次世界大战时期，阿尔萨斯被德国统治了很长一段时间，德国传统的服饰文化被强势带入了阿尔萨斯地区，并传承至今。

阿尔萨斯民族服饰整体以黑色和红色为主。男生身穿亮片红色小马甲，白色衬衫，头戴宽檐帽；女性一般身着裙装，从形制上来看，裙装的基本设计由紧身胸衣、裙子、短衬衫和围裙组成，与德国巴伐利亚州和奥地利蒂罗尔州等泛德语地区的传统民族服饰迪恩德尔十分相似，而内搭的衬衫领口通常有翻领造型，蕾丝褶皱大量装点在领边和袖口，别具一格的帽檐宽大起翘，在两侧的造型上尤为夸张，犹如一只正在展翅的巨大黑色蝴蝶，这也成为其标志性的特点（如图2-2）。

法国东南部的语言文化与北意大利有着紧密的联系。1956年科尔蒂纳丹佩佐冬奥会中出现的传统服饰是由拉韦西亚衬裙（Ra Vècia）、紧身胸衣和胸衣插片三部分组成的裙装。拉韦西亚衬裙和紧身胸衣在形制上是分开的，衬裙一般用黑色或天然深色的羊毛制成，搭配色彩丰富的紧身胸衣，并用缎带或蕾丝装饰，系在胸前，往往还搭配着大片色彩鲜艳的织锦或印花围裙。这跟法国东南部、地中海沿岸的普罗旺斯地区的民

图2-2 阿尔萨斯地区的
迪恩德尔裙

族服饰相呼应，都有十字交叉搭配在胸前的方巾配饰。但由于普罗旺斯地区沿海，气候温暖，人们不会将方巾配饰掖入胸口，面料也更多采用棉麻等质地轻薄的织物，整体造型呈现出有别于阿尔卑斯山区传统服饰厚重的轻盈感。

法国的服饰文化对欧洲乃至世界都有较为深远的影响。自17世纪中叶以来，法国成为世界重要的文化中心之一，巴黎成为欧洲乃至世界时装的发源地，法国的服装时尚风靡全球。依托于深厚的时尚底蕴，再加上法国繁多的传统民族服饰，因此很难有一种款式能完全代表法国。在法国境内举办的三届冬奥会均以时尚创新服装亮相，各具特色且都惊艳了世界。

举办过1928年与1948年两届冬奥会的圣莫里茨位于瑞士东南部的格劳宾登州，这里与阿尔卑斯山接壤，有大面积的山地，服饰文化也受到了该地区地理条件的影响。瑞士的民族传统服饰以鲜艳的红色为主调，再衬以黑色，格外富丽，尤为醒目。妇女通常身穿红色的丝绸裙子，皮质或天鹅绒紧胸衬衣，并在短而宽松的袖子上饰以缎带，使小臂没有冗余衣物，方便日常劳作。丝绸女裙上绣有各种纹样，但基础的式样与迪恩德尔裙相差无几，都由衬衣、紧身胸衣、下裙与围裙几部分共同组成。整体而言，这种款式与意大利北部的科尔蒂纳丹佩佐地区的传统服饰又有一些相似之处，我们能直观且明显地感受到整个阿尔卑斯山脉地区的服饰文化之间默默流淌的同源之水。

三、早期冬奥会服装的萌芽

1928年2月11日至19日，第二届冬季奥林匹克运动会在瑞士的圣莫里茨举行。与第一届冬奥会相比，本届冬奥会拥有了特定的仪式庆典场地来举行开闭幕式。无论是参赛国家还是参赛运动员数量，相较于第一届冬奥会都有长足的发展。第一次世界大战以来，随着女性开始更广泛地参与社会劳动，女性地位有着显而易见的提高，本届冬奥会中便有26名女运动员参赛。这些女性运动员的着装颇为引人瞩目。作为塑造现代女性的一个重要方面，运动也在此时得以快速发展。与运动装结伴出现的体育运动逐渐成为现代社会中的流行标志。

1924年，首届冬奥会的开幕式在夏慕尼的小镇中举行。第一届冬奥会并未设置现代冬奥会中常见的仪式庆典环节，开幕式也没有礼仪人员进行引导和仪式庆典活动。尽管没有专门的仪式广场，但代表团都身着冬季盛装参加，代表团成员手举引导牌（如图2-3），在小镇中举行了入场仪式。其中，仪式庆典的庄重感来自各国代表团所穿着的正装。1928年，在第二届圣莫里茨冬奥会的闭幕式上，代表团身着各国标志性服装，手持国旗，列队于瑞士总统埃德蒙德·舒尔特斯身后，顺利完成了闭幕式典礼。尽管举行仪式的场地在现在看来比较简单，但是每个国家的代表团都身着了具有本国特色的服装，隆重的服装给予了并不完善的冬奥典礼以仪式性和文化厚重感。纵观历史，类似的情况此前还发生在古代意大利和埃及等地：在仪式庆典和花车巡游等重要活动中，如若遇到经费有限或期望演出更具灵活性的时候，由于资源的相对匮乏，普罗大众经常将华丽的服装和道具都穿在身上进行游行和表演，以更好地烘托节日气氛。

图2-3 第一届冬奥会上手持引导牌的代表团成员

四、20 世纪 20 年代的欧洲时尚

冬奥会出现的运动服装与 20 世纪 20 年代风靡一时的时尚潮流服装是相互影响的。受到体育运动事业发展对主流审美和趣味的影响，休闲运动服装进入高级时尚服装的行列。休闲装的主要款型为经典的 H 型，服装外形线亦称轮廓线或侧影，英文名"Silhouette"。在许多英语服饰辞典里，往往将各类服饰以 Silhouette 来归类，说明外形对服装款式的重要性。物体的外形能给人以深刻的视觉印象。① 随着欧洲工业化发展和女性参加社会劳动，那些限制日常行动、不利于劳作的服装被舍弃，休闲便装渐渐取代了长裙与紧身胸衣等造型。1913 年，可可·香奈儿在海滨胜地多维尔（Deauville）尝试了针织长衫这一划时代的全新造型。此后，这一类新的针织服装由于完美契合活泼、自由和开放的现代需求，成为女性平日工作和度假旅程中的首选。

在经历了第一次世界大战之后，欧洲国家的经济开始复苏，而滑雪这项原本偏贵族的运动逐渐向平民阶层靠拢，大量群众争相参与其中。由于滑雪这项运动本身就具有探索自然、挑战自我的精神，又恰好与 20 世纪 20 年代整体开放的时尚风貌相吻合，运动服装借此契机一举融入了人们的日常穿着，并渐渐成为一种时尚潮流。最经典的案例就是香奈儿的设计，配贴袋和褶裥半身裙、长款夹克，可搭配系带平底鞋或低跟鞋——这款运动套装甚至可以像传统高级时装搭配珍珠配饰和克罗齐帽那样进行穿搭。香奈儿使用传统意义上不被认为是"时髦"的纹理面料制作时装，法兰绒夹克外套、亚麻直筒裙、半身裙、水手服上衣和长款平纹针织毛衣，这些搭配将简约、整洁与优雅相结合，成为这一时期时尚界的领头羊。在这股时代潮流中，H 型的休闲服装（如图 2-4）逐渐成为最受大众青睐的一大选择。譬如针织夹克、水手服上衣、长款平纹针织毛衣等都源自运动套装的设计，在整体上塑造出了一个积极向上、活泼自信的新女性形象。

---

① 刘元风、胡月：《服装艺术设计》，中国纺织出版社 2006 年版，第 124 页。

由王室贵族引领的新男装风格也将费尔岛毛衣（如图2-5）等经典造型融入男士的日常着装中。1922年，当英国的威尔士亲王穿着一件费尔岛图案的针织毛衣和四件套裤登上高尔夫球场时，他的全新穿搭掀起了一股追风热潮。在欧洲上层的穿着风格影响下，西方男士的时尚也随即改变了前进方向：费尔岛毛衣、飞行员皮夹克这类造型逐步渗入休闲便装。与此同时，网球运动的普及也在一定程度上推动了Polo衫和网球毛衣这类运动装的流行。

图2-4 香奈儿品牌的针织长衫　　　　图2-5 费尔岛毛衣

五、化纤材料与运动服装

随着工业化的不断发展，化学纤维材料的产生与运用大大推动了运动服装和体育装备的革新，运动服装无论是从款式还是从面料上都有显著发展。化学纤维材料的使用范围得到了极大扩展，保形性好、不易褶皱、平整挺括的涤纶纤维和耐磨损、重量轻、强度大、弹性好的锦纶纤维（尼龙）被应用到了运动服装中。在以前的传统生产模式中，面料一方面在数量上难以满足当时的生产需求，另一方面在性能上也有颇多短板。后来，伴随着新型合成材料技术的持续进步，越来越多合成纤维材料的问世与机器大规模生产终于满足了人们对服装材料的极大需求。

美国化学家华莱士·卡罗瑟斯在 1928 年进行聚合物的研究，1935 年与团队研究合成了尼龙。锦纶面料也随之出现在大众视野之中。上述面料的创新推动了滑雪、骑马、高尔夫等运动装备的升级换代。由于阿尔卑斯山区气候较为寒冷，在很多纺织品中，掺有锦纶，使耐磨性提高，例如粘锦华达呢、粘锦凡立丁、粘锦毛三合一华达呢、毛粘锦海军呢等，都是结实耐磨的锦纶纺织品。① 华达呢毛呢、羊毛内衣、法兰绒等服装材料也被加入进各个国家代表队的保暖服装中，与内附羊毛的华达呢手套相互配合，以抵御寒冷。

也正是在这个时期，体育运动和户外活动在欧美中产阶级家庭中迅速流行，在当时的时尚海报和广告中，我们可以看到大量的运动女性形象。特别是经历了惨烈的第一次世界大战之后，先前保守压抑的心态戛然而止，年轻一代的服装悄然变化。为追求心理上的释放，他们不再穿着 19 世纪那种拘谨的、深色的、扣着扣子的衣服。女性的服装款式发生了明显转变，同时摒弃了战争中服装拘谨的颜色。第一次世界大战期间，由于女性不得不参与到社会劳动中，为方便生产劳作，曾经长至脚踝的裙摆被提高到膝盖附近，在保留被提高的裙摆的同时，进一步发展为超短裙的形式。这也带来了裸露的双腿、俏丽的短发、浓郁的妆容等时尚潮流。

整体而言，20 世纪 20 年代的这两届冬奥会称得上是现代冬奥会的萌芽。尽管缺少完备的赛事和隆重的颁奖仪式，距离现今人们所认知的冬奥会还有不小差距，但已然具备了冬奥会的雏形，同时向人们展示了未来可能的发展空间。事实证明，这种不断发展的冬奥传统被很好地传承到了下一届美国冬奥会的举办当中。

第二节　动荡中的奥林匹克精神传承

20 世纪 30 年代，全球经济危机的冲击深刻影响了冬奥会的举办和发展。1932 年，第三届冬季奥运会在美国普莱西德湖举行，这是冬奥会

---

① 刘元风、胡月：《服装艺术设计》，中国纺织出版社 2006 年版，第 176 页。

首次移师美洲大陆。然而，由于经济大萧条的影响，赛事规模受到限制，参赛国家和运动员数量大幅减少。这一时期，冬奥会在面临资金短缺的挑战的同时，还肩负着展示国家文化和提升国际形象的责任。尽管如此，冬奥会的举办仍然成为促进国家间文化交流和理解的重要平台，体现了奥林匹克精神在动荡时代中的延续和传承。

冬奥会的仪式庆典服装在这一时期也发生了显著变化。第三届冬奥会的举牌礼仪人员和各国代表团的服装多采用深色呢料和羊毛面料，强调庄重和保暖特性。在此基础上，1936 年的加米施－帕滕基兴冬奥会更进一步规范了礼仪服装，并首次引入了圣火点燃仪式。这些创新增强了冬奥会的仪式感和庄严性，凸显了主办国对奥林匹克精神的重视。

20 世纪 30 年代的冬奥会也见证了女性运动员的崛起。女性参与冬奥会的数量显著增加，许多女性运动员成为当时的文化偶像，如挪威的花样滑冰冠军索尼娅·海妮。她不仅在体育赛事中表现出色，还在花样滑冰服装的设计上引领了潮流。她的大胆创新推动了运动服装的变革，使得服装更加符合运动的功能需求和美学标准。同时，随着新材料如尼龙的运用，冬奥会的运动服装在舒适性和实用性上得到了极大提升，这种材料的普及不仅改善了运动员的表现，也标志着服装产业的技术进步。

20 世纪 30 年代的冬奥会在全球经济危机中保持了奥林匹克精神的延续，通过不断创新和适应，冬奥会不仅在竞技体育中彰显出特色，还在推动文化交流和科技进步方面发挥了重要作用。

一、冬奥从欧洲到美洲

20 世纪初，恰逢美国与欧洲艺术家对话的一个活跃期。1913 年在纽约举办的军械库艺术博览会（The Armory Show）和欧洲艺术家纷纷移民美国这两个重大事件，后来成为美国艺术界在 20 世纪后半叶持续发展的动力和催化剂。20 世纪 30 年代初期，欧洲大量艺术家被迫远离自己的家乡前往美国。很多艺术家先是移民至巴黎和伦敦，随着战事的进一步推进，美国逐渐成为最理想的移民地。例如包豪斯的格罗皮乌斯、阿尔伯斯和布罗伊尔等艺术家和建筑师都搬至美国，继续从事教学工作，传播自己的艺术观点和理念。此外如新客观主义、超现实主义和立体主义等多种风格的艺术家们也前往美国，世界的文化中心开始从法国巴黎向着美国纽约移动。这些艺术家在美国的集体出现对美国艺术的发展无疑至关重要，同时也对后来的美国本土艺术的繁荣起到了十分重要的影响。①

第三届冬季奥运会于 1932 年在美国纽约州的一个不到 4000 人的小镇普莱西德湖举行，这是冬季奥运会自 1924 年举办以来，首次来到美洲大陆。②尽管本届冬奥会东道国向 56 个国家发出了邀请，但由于当时经济大萧条以及动荡的世界局势，最终应邀参加的只有 17 个国家，252 名运动员。美国运动员戈弗雷·杜威（Godfrey Dewey）参加过 1928 年的圣莫里茨冬奥会，并担任过开闭幕式美国队的旗手。在本届冬奥会中，杜威担任了普莱西德湖组织委员会主席和冬季运动设施设计师。这届冬奥会的筹办工作受到了极大的经济困扰，组委会主席杜威捐出了自己家族的一块地，作为兴建雪橇比赛车道之用。③这一举动无疑为冬奥体育项目的发展起到了实际的积极作用。第三届冬奥会仪式的庆典部分便已经具备了在特定场所的入场式和颁奖台，以及颁奖环节和颁奖嘉宾等重要组成部分。颁奖环节的日趋完善又为下一届冬奥会的颁奖仪式奠定了坚实基础。

四年时光匆匆飞逝，第四届加米施－帕滕基兴冬奥会于 1936 年在德国的两个城市加米施和帕滕基兴举行。在这届冬奥会上，纳粹德国为了提升国际影响力，大力支持冬奥会的筹备工作，以确保冬奥会顺利进行。这届冬奥会一改上届筹措困难的艰难局面，选择投入大量资金进行基础设施建设，如为负责冬奥会的行政和国际媒体工作而新建了宴会厅和大型办公中心。在冬奥会交通方面，1936 年元旦开通的从慕尼黑到米滕瓦尔德奥林匹亚街的双车道加强了两座城市之间的联系，城市之间的公共交通系统承载了 50 万观众到比赛赛场观赛。在冬奥会的场馆建设方面，

---

① 参见［美］弗雷德·S. 克雷纳、克里斯汀·J. 马米亚编著：《加德纳艺术通史》，李建群等译，湖南美术出版社 2013 年版，第 817—818 页。
② 胡妍：《1928—1968：从北欧走向全世界》，《小康》2022 年第 5 期。
③ 胡妍：《1928—1968：从北欧走向全世界》，《小康》2022 年第 5 期。

自 1934 年开始也建造了符合冬奥会基本需求的体育设施。这届冬奥会从财政支持、媒体设施、交通保障和体育场馆等方面都对冬奥会的规模和效率进行了一定程度上的保障和提高。本次冬奥会所形成的规范化流程也为早期冬奥会进入到一个现代化冬奥会的模式奠定了基础。

二、20 世纪 30 年代的仪式庆典服装

第三届普莱西德湖冬奥会于 1932 年 2 月 4 日开幕，时任纽约州州长的罗斯福和夫人出席并主持了开幕式。他通过无线电发表了热情洋溢的讲话，强调了体育运动对促进人类相互了解的作用。罗斯福在担任纽约州州长时期就对美国文体活动表现出极大的支持，他曾在经济大萧条时期让欧洲艺术家获得工资和社会福利的保障，从而吸引了一大批优秀的艺术家和体育运动员来到美国，这一举措为后来美国形成影响世界的文化软实力打下了一定的基础。

本届举牌礼仪人员服装为深色夹克套装，上衣为宽松制式夹克，下身为收腿裤和一双皮鞋，同时头戴一顶黑色圆顶鸭舌帽，手上戴有一副手套。当举牌礼仪人员出现在第三届冬奥会开幕式的雪地中时，整个会场不由自主地呈现出一种庄严肃穆的视觉感受。

就总体区域的功能性划分而言，开幕式场上两侧为观众场域，中间为各国运动员入场的通道，在靠近外侧的观众席前排会有媒体以及记录冬奥会开幕式的专业摄影设备，同时场内还设有区分站位的木质颁奖台，可以看出此次冬奥会已经隐约有了颁奖仪式的雏形。除此之外，开幕式场上各国旗手服装各有千秋，其中大部分都以深色厚重的呢子和羊毛等保暖面料为主。20 世纪 30 年代，最典型的粗花呢面料制成的灯笼裤套装也出现在开幕式上。值得一提的是灯笼裤出现于 20 世纪初，流行于 20 世纪 20 年代，最开始受到威尔士亲王及爱德华八世偏爱，因其膝盖以下的长度和外形而得名。总体上，灯笼裤管直筒宽大，裤脚口收紧，上下两端紧窄，中段松肥，形如灯笼。[①]灯笼裤两侧的外形线圆滑流畅，与

---

① DK, *Fashion: the Definitive History of Costume and Style*, DK Publishing, 2012, p.284.

直筒裤相比更加强调了人体外轮廓的优美曲线。自 20 世纪 20 年代开始，宽肩、挺胸的运动型身材逐渐成为新一代的男性理想身材，因此在当时能修饰人体轮廓的服装受到了绝大部分人的喜爱。简而言之，服装外形线不仅表现了服装独特的造型风格，也是表达人体本身之美的一项重要手段。

　　在 20 世纪 30 年代，运动服取得了蓬勃发展，制造商开发的新面料使服装变得既舒适又高效。美国运动员们身着针织毛衣、松紧口的裤子和中长款的夹克（如图 2-6）。这种穿着相当时尚的新的"垂式"夹克腰围偏细，有较宽的袖窿，同时减少了部分结构化的设计。服装结构的概念依据自然人体而建立，充分理解人体的生理状态、活动状态，是进行设计之前的必修课。[1] 这种简洁板型和宽阔袖窿的服装从结构上扩展了服装的外在功能，使人们得以在不同环境下行动自如。

图 2-6　身穿长款夹克的美国队队员

　　1936 年 2 月 6 日，第四届冬季奥林匹克运动会在德国加米施 – 帕滕基兴开幕。时任德国元首的阿道夫·希特勒致开幕词。1936 年加米施 – 帕滕基兴冬奥会的开幕式上设有圣火点燃仪式，这是在冬奥会历史上第一次点燃标志性的圣火。这一届冬奥会的闭幕式还出现了焰火表演，这也是冬奥历史上首次从硬件到软件的全面升级。

_____

① 刘元风、胡月：《服装艺术与设计》，中国纺织出版社 2006 年版，第 131 页。

第四届冬奥会的举牌礼仪人员服装（如图2-7）为深色夹克套装，上衣为宽松制式夹克，下身为宽松运动裤和皮鞋。他们每人头戴一顶黑色护耳圆顶帽，手上配有一副手套。颁奖仪式虽然只是奥运礼仪中的一小部分，但它其实来自古代的奥运文化，并以按照一定规范进行的仪式构成一幕幕神圣、庄严的场景。因此，颁奖仪式中的着装也尤为重要。一般而言，颁奖官员和托盘员皆应穿着具有文化性和仪式性的正装，或是像后来冬奥会规定的由冬奥组委会统一组织设计的服装。但由于此次冬奥

图2-7　第四届冬奥会举牌礼仪人员

会的颁奖仪式和颁奖礼仪都还处于发展阶段，颁奖人员和托盘员此时全部穿着较为得体的正装为运动员们颁发奖牌。颁奖仪式环节有利于扩大冬奥会的对外影响及弘扬奥林匹克精神，而在本届冬奥会的颁奖仪式中，礼仪人员的出现也促使冬奥颁奖仪式和颁奖礼仪得到进一步完善。

三、冬奥会上的女性形象

1924年首届冬奥会中的女性运动员仅有11人，而第四届冬奥会中的女性运动员增长至80人。第一次世界大战后，经过战争洗礼的女性中的大部分开始走出家庭，并参与各种社会活动。在此过程中，她们逐渐找到了自己的信心和价值，开始涉足那些曾由男性一统天下的职业。经过持续斗争和女权运动，美国妇女获得了选举和被选举的权利，女性的面孔逐渐出现在各种场合。伴随更多女性的声音从不同领域的发出，女性的社会地位也随之逐步提升，她们开始在各个领域担任领导工作和引领人的角色。

挪威籍女子花样滑冰运动员和电影明星索尼娅·海妮就是当时广受欢迎的女性偶像（如图2-8）。从15岁起，她三次获得花样滑冰女子奥运

冠军（1928 年、1932 年、1936 年）。事实上，她不仅是一名优秀的花样滑冰运动员，同时也是一位花样滑冰服装的改革者。她在花样滑冰中第一次创造性地抛弃了长裙，大胆改革服装款式，将裙子提高至膝部，这一惊人举动在某种程度上促进了之后女子单人滑技术和花样滑冰服装的进步。鉴于花样滑冰是一项艺术水平要求较高的体育赛事，很多花样滑冰运动员自身的艺术修养也相当高，因此退役后成为服装设计师的不在少数，例如"婚纱女王"王薇薇（Vera Wang）就曾是一名职业花样滑冰运动员。

图 2-8　挪威花滑冠军索尼娅·海妮着装（静态和动态）

　　由于体育比赛对肢体舒展度的需求，设计师逐渐改良了比赛服装的款式。在日常生活中，女性也渴望服装的自由，她们希望摆脱长裙和紧身胸衣的束缚。当时的女性服装出现了宽松的直身裙装和薄如蝉翼的新式胸衣，甚至实现了女性长裤的普及，越来越多的女性挣脱了多个世纪施加在她们身上的物理束缚，从服装中真正解放出自我。一些女性崇尚当时美国著名的女性飞行员艾米利亚·埃尔哈特（Amelia Earhart）的着装风格，她经常穿着皮夹克和修身长裤，系着精致的丝绸领带执行飞行任务（如图 2-9）。① 在 20 世纪 30—40 年代，埃尔哈特本人俨然成

---

　　① 　Anne McEvoy, *Costume and Fashion Source Books: The 1920s and 1930s*, Chelsea House Publishers, 2009, p.49.

了一个时尚偶像，是"想做就做、男女平等"的代名词。她的自身经历与事迹也激励了无数女性自我意识的崛起，并间接促进了女性着装领域的变革。

图 2-9　艾米利亚·埃尔哈特的飞行员服装

四、尼龙面料推动的运动服发展

由于席卷全球的经济危机冲击，服装行业也不得不缩减开支，这意味着更加简约的款式和较为经济的织物。面料科技的发展促进了人造织物的大规模应用，这些织物与天然织物相比更易于清洗和维护。由于女性参与了更多的社会劳动，家庭劳作时间随之减少，曾经需要熨烫的精致的织物不再受到她们的欢迎，方便的新型面料服装在日常生活中变得尤为重要。

20 世纪 30 年代的女性追求一种应用于服装的新型曲线美，她们既热衷于通过合身的剪裁来突出身材的纤细，也喜爱用折叠面料来塑造丰满的身体部位，即用服装语言凸显身体曲线以充分展示穿着者的身材。除了像丝绸、羊毛和亚麻之类的天然面料，合成面料也被广泛地应用于服装设计领域。这些新型面料的生产成本相对较低，所以也经常被用于制作大规模生产的服装。

人们对合成面料的渴望由来已久，只是受限于当时技术条件而难以实现。丝绸面料在古罗马受到极大欢迎，当时丝绸进口导致了罗马大量的黄金流出，元老院甚至因此发布了禁止穿着丝质衣装的禁令。丝是最贵、最难生产的原材料，因为蚕虫赖以生存的桑树只生长于特定气候。自 19 世纪末起，人们开始寻找能够替代丝绸的新材料并生产制造出了人造丝，它是以木材为原料、后经由化学物质处理过的纤维丝嫘萦（rayon）。[1]1935 年美国化学家华莱士·卡罗瑟斯带领研究组合成了尼龙。紧接着，尼龙丝袜在 1937 年出现在服装产业中，它在纽约世博会上的首次亮相轰动一时，并随即风靡整个美国。自此，使双腿富有线条和光泽的尼龙袜成为美丽和性感的象征。尼龙作为当时的新材料有着不少优点，如结实耐磨，容易洗涤和晾干，以及着色性能良好等。除此之外还有弹性纱线，它由橡胶与丝绸、棉花或人造丝结合而成，由于穿着时能够紧贴人体，且在潮湿时保持原型，因此被当时的人们视为最理想的泳衣面料。这些新型材料不局限于制作丝袜和内衣，甚至还促进了配饰和休闲服饰的发展。

纵观整个 20 世纪 30 年代，经济危机虽然使人们没有多余的钱财去购买昂贵面料制成的衣服，但它促进了服装领域中新型材料的发展。新型面料逐渐被广泛运用于冬季运动项目中，当时的男士服装大多采用轻薄面料，在服装款式上更倾向于选择宽松长裤。另外，长裤的款式也出现了新的风格，譬如用暗藏式拉链取代了暗藏式纽扣。可以说，运动服装的设计师此时必须满足独属于运动的功能性需求。总体上，这些新型面料的出现使人们的日常生活变得更加简便，同时也促进了冬季运动服装的发展。

20 世纪 30 年代的两届冬奥会不仅对之后冬奥会的举办提供了参考，还为冬奥会现代化的进程奠定了基础。不论是德国还是美国，这两个国家都通过举办冬奥会的方式，进一步推动了国家基础设施的建设。换言之，这一措施既拉动了经济的增长，还促进了社会就业，更提升了国家应对经济危机的信心。这为之后历任主办国通过冬奥会这一平台、以各

---

① Maria Costantino, *Fashions of a Decade: The 1930s*, Chelsea House Publishers, 2006, p.40.

种方式促进经济发展提供了相当多的启示性经验。冬奥会的组织者从民间组织向国际机构转变，由此产生了大量影响深远、规范化且具有组织性的范式，对此后的历届冬奥会而言无疑是一个成功的先例。相应地，冬奥会随后也变成了一个与夏奥会同等重要的国家行为。

第三节 第二次世界大战后重启的冬奥会

第五届圣莫里茨冬奥会是经历最多坎坷的一届冬奥会。最初冬奥会计划于 1940 年在日本北海道札幌举办。但由于日本帝国主义在 1937 年发动了侵略战争，1938 年日本政府宣布他们无法举办札幌冬奥会。[①]原本的候选城市，瑞士的圣莫里茨，因为滑雪教练员的参赛问题与国际奥委会产生争执，也宣布放弃承办该届冬奥会。此后德国在 1939 年 7 月向国际奥委会表示，他们愿意在上届奥运会的举办城市加米施和帕滕基兴继续承办第五届冬奥会。然而，由于第二次世界大战的爆发，此后的两届奥运会都未能如期举行。

第二次世界大战结束后，经历过战火肆虐的欧洲各国百废待兴，无力举办冬奥会。作为第二次世界大战时期的中立国，瑞士没有受到战争的破坏，还在战后将保留的机械化生产资源出口国外，援助了欧洲的整体重建。瑞士在战争期间保持了经济的稳定与繁荣。得益于两次世界大战期间的中立地位和特殊时期银行业的成功，瑞士成为当时世界上最稳定的经济体之一。瑞士在一众举办国中脱颖而出，再加上是国际奥委会总部的所在地，为使奥林匹克精神得以延续，瑞士接下了举办冬奥会的重任。1948 年，第二次世界大战结束之后的首届冬奥会终于得以在瑞士圣莫里茨举办。

一、冬奥会上的自动计时器

本届冬奥会共有 28 个国家和地区，总计 669 名运动员参赛，其中

---

① 《历届冬奥会大盘点（第一届——第五届）》，《工会博览》2020 年第 14 期。

女子运动员有 77 人。由于东道主瑞士的钟表制造业极其发达，本届冬奥会出现的自动计时装置也成为冬奥会历史上的一大里程碑事件。本次使用的自动计时器为欧米茄公司在 1948 年推出的光电电池款，它突破了人眼的限制，并保证了最为准确的时间。在本届奥运会中，包括速度滑冰、自由式滑雪障碍追逐和雪车雪橇在内的运动项目都使用了自动计时器这项技术来评判成绩。放眼整个冬奥会历史，瑞士的钟表技术始终在冬奥会中发挥着关键的作用。例如 1956 年科尔蒂纳丹佩佐冬奥会在高山滑雪中引入的"起始门"，它标志着每次比赛的开始，现已升级为"雪门"，每当运动员冲过时，计时系统便会自动激活。1992年，欧米茄此时推出的光感应终点摄影机得到进一步发展，评委们开始使用通过终点时的照片来确定官方结果。

本届冬奥会的仪式庆典举办场地位于圣莫里茨小镇的户外，并与此前一样没有设置颁奖环节。主办国并未在开闭幕式安排统一的举牌礼仪人员，多数引导员的着装与各国代表团入场式服装相一致。其中，东道主瑞士的运动员身着红色毛衣，在空旷纯净的冰雪之上摆出"V"字形队列。"V"是英文单词 victory（胜利）的首字母，奥运赛场上的胜利符号区别于战场上的胜负与生死，象征着友爱、团结的胜利。

在"V"字形队列之后正是运动员的入场仪式。运动员们身着各国队服，跟随旗手在雪地中依次蜿蜒入场。不同国家都有各具特色的入场制服，如牛津布夹克、毛呢大衣、毛呢西装、针织羊毛衫、军装和以军装为元素设计的服装等，这都反映出当时的衣着流行趋势。值得一提的是，在整个 1948 年的冬奥会中，大量军装和以军装为主要元素的服装被广泛应用于仪式庆典环节。

20 世纪四五十年代，科技革命在人们的生产生活中发挥着重要作用，特别是画面的捕捉、展示和传播的发展，对冬奥会产生了影响，例如：宽幅银幕开始流行，航天照相机带来更为清晰的摄像技术，以及彩色电影的诞生。世界上涌现出大量的科技产品，如洗衣机、电冰箱、汽车等新型家电逐渐普及进千家万户。与此同时，工厂中的工业生产开始减少人工环节，这类便捷生活的新技术让女性逐渐挣脱出繁杂家务的泥沼，有了更多梳妆打扮和休闲娱乐的时间。

二、冬奥会场上的军装风格

根据国际奥委会在 2017 年 10 月编写的《奥运会指南——仪式》(中文版)中的内容所示,参加颁奖仪式的运动员与颁奖嘉宾引导员以及托盘员等礼仪人员,一般不穿着标准的工作人员制服。奥组委可以设计(需要得到国际奥委会的批准)带有奥运会景观和形象特点的非军队礼服的礼仪服装,也可以设计代表主办国文化特色的民族礼仪服装。要确保严格执行品牌保护规则,服装上绝对不能出现任何商业标志。原则要求服装是非军队礼服。类似的说明和要求,在后来的多届冬奥会中都被额外标注出来,这与 1948 年冬奥会中运用大量军装元素的情况形成了鲜明对比。战时的军装风格与战后物资短缺,以致当时的人不得不大范围继续穿着以军装为设计元素的服装,这称得上是当时的流行风貌(如图 2-10)。

图 2-10　开幕式现场带有军装"痕迹"的男装

同一时期还存在其他的服装流行款式,例如阔腿裤和长大衣组成的廓形服装在男性中就很流行。在英国,从军队中退役的复员军人通常能够得到一套"文装"——单排扣或者双排扣的西装。战时的部分装束的确影响了战后的着装风貌。厚实的海军羊毛大衣因其生产地被命名为弗兰德斯毛呢大衣,战争结束后,这种厚实的大衣在军事用品商店很快被人们抢购一空,虽然一位英国总司令经常穿着这种粗呢外套,但真正让这类服装流行起来的原因是海上商船与快速护卫舰中工作的水手大都会穿着这样的粗呢外套。①

在20世纪40年代后期，美国工业发展迅猛，更多新的纤维和织物被民用化——这些材料原本都是在战争期间开始研发，并在最初全部服务于战争的。聚酯纤维是由石油中发现的化学物质制成的，1941年英国的温菲尔德（Whinfield）和迪克松（Dickson）用对苯二甲酸二甲酯（DMT）和乙二醇（EG）合成了聚对苯二甲酸乙二酯（PET），这种聚合物可通过熔体纺丝制得性能优良的纤维。②20世纪50年代，美国杜邦公司日夜不休地生产出了更多的聚酯，包括涤纶和聚酯薄膜。聚酯纤维由于容易加工的特性，再加上可以大规模廉价生产，受到广泛的欢迎。作为丝绸的替代品，它此前一般被用作女性丝袜材料，然而由于第二次世界大战期间引入配给制，其更多的用途被发掘出来，例如它能够应用在降落伞和绳索等其他军事用途中。涤纶面料具备耐热、耐日晒、结实耐穿等优点，再加上透湿性差、保温性能好，成为人们冬季服装的重要选择。

从本届冬奥会的现场照片来看，参与障碍赛、冰球等项目的一些运动员穿着轻便光滑且非常像现代合成材料的滑雪服。当时，美国作为第二次世界大战的一个大后方，合成材料发展非常迅速。在这一届冬奥会中，大部分国家运动员依然穿着传统毛衣，将其作为参加冬奥会保暖服装的首选，但也有部分国家运动员与美国运动员一样，穿着看起来十分具有科技含量的运动服装。总的来说，这两种服装同时出现在一届冬奥会中，实际显示了国家之间在科技领域方面发展状况的不平衡。换言之，冬奥服装成为参赛国和主办国在国际性赛事场合中宣传自己科技实力的一个重要载体。

三、战后的女装制服时尚

第二次世界大战，决定性地完成了女装的现代化。战前，女装就已

---

① Patricia Baker, *Fashions of a Decade: The 1940s*, Chelsea House Publishers, 2006, p.49.
② 王春莹:《聚酯低温等离子体表面改性及喷墨印花应用性能研究》，博士学位论文，江南大学，2011年。

经出现缩短裙子和夸张肩部的机能化倾向，战争爆发后以及整个战争期间，女装完全变成一种非常实用的男性味很强的现代装束，这就是军服式（military look）。[1]但此时也有部分女性仍然会精心设计发型，以保持自身的女性气质。

1945年，战争结束后，战争中的军服式女装继续流行，但开始出现微妙的变化：腰身纤细，上衣下摆成波浪式，[2]衣袋等功能性设计受到重视。可以说，加宽的肩部设计与宽大的下摆，配合上特殊的收腰结构，让女性的腰线在视觉上更显曼妙，对于女性身体曲线的审美得以再次复兴。这类侧重凸显女性腰部的理念影响了1947年设计师克里斯汀·迪奥（Christian Dior）的"新样式"女士服装款式，为女性味的复活写下了伏笔。[3]

在第二次世界大战期间，欧洲地区的频繁战火使巴黎的高级时装行业遭受了极大打击。许多时装设计师被迫逃往美国，时尚在那里得以继续留存与发展。与此同时，美国的多种服装业都得到了很大程度上的升级：时尚行业出现了能够比肩欧洲高级定制的设计师查尔斯·詹姆斯（Charles James），他所设计的真丝缎面填充天鹅绒短夹克、裙摆呈现"四叶草"造型的礼服成为时尚史永恒的经典；在好莱坞戏剧服装行业中，吉尔伯特·阿德里安（Gilbert Adrian）最为出名，他总共为超过250部电影设计了戏服。[4]此时，美国出现了一大批时尚组织，也成立了很多时尚奖项，以此来鼓励更多优秀的人才投入时尚产业。

1946年6月30日，美国在南太平洋上的一个名为比基尼的珊瑚岛上空，引爆了和平时期的第一颗原子弹，比基尼从此闻名世界，并成为英语中"耸人听闻"、"惊天动地"和"轰动效应"等词汇的同义语。18天后，一位名叫刘易斯·里尔德（Louis Reard，1896—1984）的法国人推出了一款由三块布和四条带子组成的泳装，泳装的上衣像胸罩一样护住

---

① 李当岐编著：《西洋服装史》，高等教育出版社2005年版，第322页。
② 孟盈：《基于装饰艺术风格女装论述时尚轮回》，硕士学位论文，北京服装学院，2019年。
③ 参见李当岐编著：《西洋服装史》，高等教育出版社2005年版，第323页。
④ Patricia Baker, *Fashions of a Decade: The 1940s*, Chelsea House Publishers, 2006, p.52.

乳房，背部只有细细的系带，三角裤衩则尽可能短小，最大幅度地露出了臀部和胯部。[①]起初，地中海沿岸的国家纷纷出台政策以抵制在海滩上穿着比基尼的人，然而电影业的发展逐渐改变了人们对于比基尼的看法。1952年，法国著名影星碧姬·芭铎（Brigitte Bardot）出演了一部电影《穿比基尼的姑娘》（*The Girl in the Bikini*），大大推动了比基尼进入主流文化的进程。到了20世纪末，比基尼已经成为全球范围内最为流行的泳装。法国时装历史学家奥利维尔·塞拉德（Olivier Saillard）表示："这是女性的力量导致的，而不是时装的力量。"

本届冬奥会几经辗转，最终在战后20世纪40年代得以举办。在经历战争之后，全世界的人们对于和平、团结和友爱的渴望在本届冬奥会中得到了充分展现，有许多在战争中被发明出来用以制胜的技术被转化为民用，以更好地服务大众。事实上，冬奥会作为一个平台向全世界展示了新的流行和新的技术。越来越多的新材料被运用在赛场上，这无疑体现了人们对更高、更快、更强的奥运精神的追求。与此同时，女性的崛起和现代服装的进一步解放，也令更多女性的声音能够被世人听见。20世纪40年代的战后重建与国家力量的积累，为后来璀璨的50年代做足了铺垫。

第四节　冬奥服装标准的形成

第六届奥斯陆冬奥会标志着冬奥仪式和服装制式的逐渐成熟。作为第一届在斯堪的纳维亚半岛和国家首都举办的冬奥会，奥斯陆冬奥会展现了挪威深厚的冰雪运动传统，还为冬奥会服装标准的建立奠定了基础。挪威的传统服饰布纳德和塞尔布罗斯图案在这一届冬奥会中被广泛应用，展示了挪威的民族文化特色。特别是在开幕式上的圣火点燃仪式中，运动员们身着传统的挪威民族服饰，这一举动致敬了挪威滑雪文化的历史，还为冬奥会增添了独特的文化氛围。

奥斯陆冬奥会在服装设计上首次引入了工装样式，礼仪人员的服装

---

① 康民军、刘金洁编著：《欧美时尚100年》，山东画报出版社2009年版，第91页。

采用了工装口袋和直身翻领设计，结合挪威传统图案，既保暖又具有设计感。这些设计不仅满足了冬奥会场合的功能需求，还展示了挪威的工装文化和现代服装技术的发展。这一届冬奥会在礼仪服装上的创新，既体现在款式的设计上，也表现在对传统文化元素的现代化诠释上，标志着冬奥会礼仪服装逐渐向标准化和规范化发展。

奥斯陆冬奥会推动了冬奥服装制式的成熟。随着冬奥会的不断发展，主办国越来越注重在仪式服装中融入本国文化元素，使冬奥会成为展示国家文化和时尚创新的重要平台。奥斯陆冬奥会的成功举办不仅展示了挪威的民族自信，也为后续冬奥会的服装设计树立了标杆。此后，冬奥会礼仪服装逐渐成为各主办国展示民族文化的重要载体，推动了国际体育文化交流和理解的深化。

一、冰雪之都的冬奥圣火

1947 年美国提出了"马歇尔计划"，即"欧洲复兴计划"，是第二次世界大战结束后美国对被战争破坏的西欧各国进行经济援助、协助重建的计划。据不完全统计，在"马歇尔计划"施行期间，西欧各国通过参加经济合作与发展组织（OECD），接受了美国包括金融、技术、设备等各种形式的援助合计 131.5 亿美元。在这一时代背景下，挪威的经济开始快速复苏。到 20 世纪 50 年代，挪威的经济发展水平已远超战前，商业船队名列前茅。

起初，挪威对于是否申办冬季奥运会犹豫不决，尽管在之前的冬季奥运会中挪威的运动员都取得了不错的成绩，但在挪威的文化中，他们反对在冬季运动中竞争，尤其是滑雪比赛。不过挪威政府却相信 1952 年奥运会是一个绝佳的机会，可以促进民族团结，并向世界表明挪威已从第二次世界大战的创伤中恢复过来。[①]1947 年 6 月 21 日，在第四十次国际奥委会大会上，国际奥委会在现场宣布 1952 年冬奥会将于挪威奥斯陆举办。自此之后，挪威不仅成为第一个举办冬奥会的斯堪的纳维亚半岛

---

① 周心怡：《冰雪奇缘——冬奥会的城市足迹》，《留学》2021 年第 23 期。

的国家，同时也是第一个在首都举办冬奥会的国家。

1952 年 2 月 14 日至 25 日，第六届奥斯陆冬奥会成功举办。主办国家挪威有悠久的滑雪历史，是一个传统意义上的冰雪强国。作为北欧三国之一，挪威优越的地理条件使其成为冰雪文明的摇篮。挪威是滑雪运动的诞生地，拥有丰富的冰雪文化，而奥斯陆更是以"世界滑雪之都"闻名于世。不同于前几届承办冬奥会的小镇，奥斯陆是挪威的首都和第一大城市，人口将近 50 万。这座城市三面环山，一面临海，空气清新，景色迷人。奥斯陆人民喜爱滑雪，冰雪运动尤为普及，每年 3 月的第一个星期六便是滑雪节，这一天奥斯陆的男女老少都会成群结队地走出家门去参加滑雪运动。

在 1952 年冬奥会开幕式上，点燃圣火的仪式首次出现，只见运动员们接力传递圣火，最终圣火点燃了开幕式会场中的火炬。第六届冬奥会的圣火点燃自桑德雷·诺尔海姆（Sanddla Nordheim）生前居住的一个位于莫尔盖达尔村石屋中的壁炉，他因发明了滑雪板固定器而被誉为"挪威冰雪运动的奠基人"。现场传递圣火的运动员们身着传统的挪威民族服饰从石屋中取出圣火，以一种历史复原方式致敬了桑德雷·诺尔海姆。

二、民族特色的布纳德和塞尔布罗斯图案

奥斯陆是斯堪的纳维亚半岛上最为古老的都城之一，身为挪威的首都，传承并发扬了丰富多样的传统民族服饰。其中，布纳德（如图 2-11）

图 2-11　廓形相似但细节各异的布纳德服装

是挪威最常见的民族服装的总称，这个名称起源于 19 世纪的浪漫主义运动，当时在丹麦和德国等地也风靡一时。在每年 5 月 17 日的挪威国庆日时，许多挪威民众会自发穿着由羊毛制成、装点着繁复花纹的布纳德庆祝节日。

由于挪威的地理位置靠北，气候较为寒冷，因此挪威人不得不穿戴具有保暖性的织物。在挪威的针织图案中，有一种非常流行的图案叫作塞尔布罗斯，它实际上是一种针织的玫瑰图案，其形状为规则的八角玫瑰形，常常被用于各种冬季服装织物上，例如手套和毛衣。这种图案起源于 1857 年，由塞尔布镇中一个名为玛丽特（Marit Guldsetbrua Emstad）的女孩所设计，当时她用八瓣玫瑰的设计编织完成了三副手套，并把它们带去了教堂。不久之后，塞尔布罗斯图案就在塞尔布流行开来，人们纷纷戴上饰有八瓣玫瑰的塞尔布手套。随着国际贸易交流，这个图案逐渐被传播到世界各地，并一度成为挪威圣诞节和冬季的象征。塞尔布罗斯在别的国家经常会被阐释为雪花或星星，这种美丽的误读恰恰成为塞尔布罗斯图案和冬季服装间的奇妙联系。塞尔布手套的出现促进了挪威的经济发展，妇女因此能够通过手工制品增加经济收入，而在本届冬奥会会场中，传递火炬的滑雪运动员们就戴着织有塞尔布罗斯图案的手套。

三、工装样式服装的应用

本届冬奥会开幕式上的举牌礼仪人员统一由男性担任，上身的夹克在左右胸口处分别有翻盖口袋，领口处有着作为装饰点缀的三角巾，其造型很难不让人想到经典的海军服风格。下半身为一条宽松的收腿裤，并搭配着一些装饰：其中，船形帽造型别致，而塞尔布罗斯图案的针织手套既有保暖功能，同时也再次印证了服饰对冬奥会主办国传统文化的宣传作用（如图2-12）。在本届冬奥会会场中对奥斯陆特色

图 2-12　奥斯陆举牌礼仪人员服装

民族服装风采的初次展示，既展现了本民族的文化特色，也为随后几届冬奥会中的仪式庆典服装应用传统民族服饰打下了坚实基础。

挪威作为滑雪运动的起源地，滑雪服的应用十分广泛。本届托盘员服装设计为类似于滑雪服款式的轻便工装，上衣部分是直身翻领的设计，胸口处装饰有两个工装口袋，前门襟所采用的一排扣式款式方便了服装的穿着。下半身的裤子为高腰收口裤，腰部轮廓线紧束，在满足保暖御寒的功能同时具有设计感（如图2-13）。

图2-13　奥斯陆托盘员服装

总体上，这款托盘员服装便于行动、简洁美观，极大满足了颁奖服装所需的功能性。该服装的设计语言相对内敛含蓄，领口别出心裁地使用了较为圆滑的衬衫领。就实际而言，领型虽然只是服装的一个局部，但在决定服装整体风格和穿衣效果上都有着举足轻重的作用，而这种较为圆滑的衬衫领不仅显得端庄，还打破了过于严谨的氛围。工装服与领口的细节化设计向世界表达了挪威人民坚毅勇敢、热情好客的特点。

在第二次世界大战期间，许多妇女不得不迅速从家庭走向社会，即妇女广泛参与到工厂集体劳动中。简洁的服装由此成为女性日常穿着的一部分。这样的服装潮流一直持续到战后复苏期。她们通常穿着高腰裤装，在裤子前部会有一个较为简约的褶，裤管宽松，提升了美观与舒适度。战时风格也同样影响到了当时的滑雪服。在这一时期，女性滑雪服多为"X"形（如图2-14），上衣有着两个翻盖口袋，腰带可以收紧，从而使腰部造型更为突出；

图2-14　"X"形的女性滑雪服装

搭配穿着的裤子宽大且长，裤腿也做了收紧处理，可以起到一定程度的保暖作用。

与往届冬奥会相比，奥斯陆冬奥会出现了专门服务于获奖运动员的礼仪人员。礼仪人员身着定制设计的冬奥服装，这称得上是一件创举。从 20 世纪 50 年代开始，那些被过往艰难岁月暂时掩盖的"女人味"再次回归，尽管当时的服装几乎清一色地强调"S"形身体曲线，但在细节装饰上，部分服装依旧保留了工装的排扣设计。正如这一时期的服装品牌香奈儿就设计出了在性感优雅中融入利落中性气质的军服式样服装（如图 2-15），打破了战后女性服装保守古板的教条，仿佛一抹绚烂的色彩跃然于那沉闷死板的灰暗画布之上。自这届冬奥会起，颁奖仪式受到了更多的重视，仪式庆典服装顺应场域的做法使冬奥会逐渐变成了展示本国文化风采的绝佳平台。冬奥会开闭幕式服装和颁奖礼仪服装也蜕变为奥运仪式庆典中十分重要的设计要素。当时，颁奖环节中的各项颁奖物资都还未纳入整体的设计系统中，颁奖服装、奖牌托盘、颁奖台、颁奖仪式的人员数量以及颁奖环节都显得较为简洁。可以说，自本届冬奥会之后，历任冬奥会的主办国都开始意识到颁奖仪式的重要性，而颁奖服装也成为展示各个主办国民族文化的重要载体。

图 2-15 香奈儿品牌细节不同的军服式样服装

受限于现代国际时尚的影响，不同地区的人们在服装中渴望找到文化归属感，并希望通过将现代服饰创新与民族服装特点相结合，来传达具有民族个性的时尚思想。在冬奥会的舞台上，国家文化的传播会受到来自全世界人民的关注，这些在奥运赛场上出现的具有现代改良精神的挪威民族服装向世界各国展现了当地的风土人情和艺术文化特色。在奥斯陆冬奥会结束之后，越来越多的主办国开始青睐于那些既能体现本国文化特征又兼具时尚功能的服装设计，这无疑拉开了冬奥服装百花齐放的序幕。

自第二次世界大战结束以后，世界各国经济不断增长以及"冷战"结束后较为稳定的局面，都成为促进国际体育大发展的重要条件。从奥斯陆冬奥会的申办成功到正式举办，挪威恢复了饱受战争打击的民族信心，同时也让世界重新认识了挪威。此外，挪威借助本届冬奥会，大力发展了冰雪运动的基础设施建设。冬季体育运动的受众也变得更为广泛，对冬季体育运动的推广与发展产生了不可替代的积极作用。

第五节　1960 年斯阔谷冬奥服装与美国风格

1960 年，第八届冬季奥林匹克运动会在美国加州斯阔谷举行。斯阔谷原是印第安人聚居地，后逐步成为著名的滑雪胜地。在筹备过程中，当地进行了大规模的基础设施建设，第一次建设了专门供运动员居住的冬奥村，并首次进行了商业性电视转播和计算机辅助成绩计算。20 世纪60 年代的美国正处于迅速发展的时期，逐渐成为世界的经济、科技、文化中心。本届冬奥会的举办不仅展示了美国的经济实力，还通过冬奥服装传达了美国的文化影响，美国服装简洁化、实用化，强调轻便和生活化的趋势，体现了美国休闲时尚的特点。

一、西海岸的开发与冬奥村的建设

第八届冬季奥林匹克运动会，于 1960 年 2 月 18 日至 28 日在美国加州的斯阔谷举行。斯阔谷位于加利福尼亚州太浩市西北部的普莱瑟县。气候为大陆性气候与地中海气候过渡地带，夏季一般比较温和，夜晚凉爽，冬季寒冷多雪，非常适合开展冬季运动。一百多年前，这里原是印第安人聚居的地方。印第安人的习惯是男人终年外出狩猎，妇女在家操持家务。当第一批白人移民到达这里时，看到的只有一些妇女。女子按印第安人的叫法称"斯阔"，这就是斯阔谷名字的由来。

1942年，内华达大学滑雪选手韦恩·普尔森从南太平洋铁路公司手中购买了一块600英亩（约2.42平方千米）的土地，这便成为斯阔谷冬奥会诞生的开始。他与哈佛大学校友阿莱克斯·库欣一起经营这座小型雪场。1955年，库欣决定向国际奥委会提出申办冬奥会。但是当时这里只是一个非常小的滑雪场，没有什么基础设施，甚至除了少数游客就只有库欣一人长期居住在这里。但他凭借着能言巧辩的口才说服了美国总统与奥组委，并在投票中成功击败了他国的竞争对手。接下来，在不足5年的时间里，斯阔谷从尚未开发的荒凉地区变成了一座交通便利设施完善的城镇。

位于美国西海岸的加利福尼亚州的斯阔谷能够被政府投资建设，也离不开移民法案颁布前政府对于西海岸的开发与支持。1965年至今，随着美国改革移民法，人口成分发生巨大变化，大量拉丁裔和亚裔移居加利福尼亚州的大城市，包括洛杉矶和旧金山。今天的加利福尼亚州是全球人口最多元文化的一个地区之一。

斯阔谷毗邻美国红杉国家公园，风景秀丽，适宜开展各类冰雪运动，是美国著名的高山滑雪区之一。1957年曾在此举办过一项国际性的滑雪比赛，但当时场地设施十分落后。为了筹建第八届冬奥会，斯阔谷冬奥组委投资并兴建了各种标准的冬季场地与设备。几年间令印第安人居住的谷地变成了一个冬季体育中心。在此期间，当地还修建了优质的道路和能容纳8500人的冰上运动场，同时也是举办开幕式和闭幕式、冰球比赛和花样滑冰比赛的场所。当地还在运动场旁边建了一座用于速滑比赛的人造滑雪场，以及训练场、升降机和旅馆等。

这届冬季奥运会历史上第一次修建专门供运动员居住的冬奥村。由于比赛场地和运动员住宿都比较集中，因此本届运动会没有出现交通上的问题。本次参赛的有 31 个国家和地区，共计 30 个代表队，665 名运动员，其中女子 144 人，男子 521 人。本届冬奥会增设了两个比赛项目：男子冬季两项和女子速度滑冰。因为设备问题，本届暂时取消了雪橇项目。这届冬奥会是首次进行商业性电视实况转播的冬奥会。美国哥伦比亚广播公司（CBS）共花费 5 万美元购买了这届比赛的电视转播权。快速回放技术也首次出现在了比赛中。

20 世纪 60 年代是科技飞速发展的时期，越来越多的科技产品变得普及。也正是从本届冬奥会起，一些赛事开始运用计算机以辅助成绩计算。一台"拉马克"型号的电子计算机可供花样滑冰等各项比赛使用，每一个项目结束后，计算机只需几秒钟就可以用英德两种文字公布全部比赛成绩，并附有运动员的简单履历，这一突破创新大大减少了裁判的统计工作，缩短了成绩公布的时间。新材料的革命也在本届冬奥会得以体现：来自法国的高山速降运动员让·维亚尔内（Jean Vuarnet）在比赛中采用以金属制成的滑雪板代替过去使用的木制板，这是首次有金属滑雪板出现的比赛，代表滑雪器材进入一个新的阶段。在本届比赛中，他就是凭借这种新装备获得了高山速降比赛的金牌。

二、冬奥会上的美式休闲风

（一）开幕式服装

本届冬奥会的举牌礼仪人员仍然由男性担任，橘红色夹克外套在开幕式的冰天雪地中格外亮眼，下装是一条藏青色棉裤，头戴一顶深色针织帽，搭配加绒皮靴与皮手套提升保暖性能。夹克外套在腰部还设计有两条工装风格的皮质腰带，左肩上和右胸前则装饰有本届冬奥会的徽章（如图 2-16）。整套服装的设计风格非常干练，抛开在开幕式场景下的仪式性需求，该套服装在功能性上也完全适配户外活动的需求，

图 2-16　斯阔谷举牌礼仪
人员服装

在天气条件不算稳定的开幕式中，能够最大程度地辅助礼仪人员完成工作。

在更多的保暖服装面料还未被发明之前，人们选择用毛皮大衣来抵御恶劣寒冷的天气。大衣在几个世纪以来一直是塑造冬季时尚的主要着装。20世纪60年代初，毛呢大衣是十分受欢迎的保暖单品。毛呢作为传统的保暖材料，仍然在此次的冬奥服装中占有非常大的比例，这也和20世纪60年代初的流行趋势有着密不可分的关系。

参加冬奥会的各个国家都使用毛呢、针织衫等传统的保暖材料，设计出具有本国文化与特色的服装，并在开闭幕式中呈现。在影像资料中显示[1]，大多数国家都采用了戗驳领大衣这种服装形制作为入场式服装：加拿大代表团使用横条纹与绿、红、黄、白、黑五色相间的大衣设计；法国代表团身着优雅的银灰色天鹅绒材质大衣；德国代表团大衣的红色则来源于他们的国旗；苏联代表团的深色大衣依旧采用苏式窄领口的样式；日本代表团身着浅蓝色长款大衣；东道主美国与澳大利亚代表团则采用方领的样式；澳大利亚代表团还使用了木质羊角扣的设计；奥地利代表团身着深灰色青果领大衣入场；瑞士代表团的男性使用古巴领，女性身穿白色连帽大衣。入场式代表团中除了款式各异的大衣，还有些国家会采用厚实的夹克，例如芬兰与瑞典。瑞典代表团的亮黄色夹克成为入场式中靓丽的一笔，很引人注目。保加利亚代表团则是选择了身穿带有本国特色条纹图案的白色毛呢卫衣。

时任美国副总统的理查德·尼克松宣布本届冬奥会正式开幕。当天尼克松的深色西服套装与白色衬衫有着20世纪60年代美国服饰休闲宽松的典型特点。单排扣灰色西装外套和宽松的西裤在当时成为华尔街上班族的流行穿着样式。在尼克松的照片中，我们经常可以看到他穿着深灰色西装外套与领带，内搭白色衬衫的造型。这种量身定制的传统西装外套是20世纪50年代以来的男士工作服固定的穿搭样式。

---

① 资料来源：1960年美国斯阔谷冬奥会官方电影《人民、希望、奖牌》(*People, Hopes, Medals*)。

（二）颁奖礼仪服装

1960 年的冬奥会颁奖仪式仍在室外举行，因此服装的防寒性能仍然是不可忽视的重要因素。该届托盘员服装是具有 20 世纪 60 年代流行特征的女性冬季常服和滑雪服，其主要款式为针织毛衣、毛绒外套以及烟管裤等。

整体颁奖仪式流程相对简单，和 1956 年对比，本届颁奖仪式没有出现嘉宾引导员，但托盘员的服装至少有五套。在不同的比赛项目的颁奖仪式中出现了材质、颜色、款式均不同的托盘员着装，服装风格均沿袭了 20 世纪 50 年代末以来流行的上衣针织衫、下装烟管裤的搭配方式。前三套都是以蓝白配色为主（如图 2-17），第一套为浅蓝色针织衫搭配白色毛绒背心和帽子，下装为黑色贴身收口裤；第二套为浅蓝色针织套头衫搭配浅蓝色毛呢裤；第三套为浅蓝色毛绒外套搭配同色系裤子。后两套是深色套装（如图 2-18），第一套为深色毛绒套装。第二套则为针织衫搭配毛呢束腰裙。印花与织纹也是当时流行的风格。这种服装搭配方式显得非常干练，方便托盘员行走与工作。

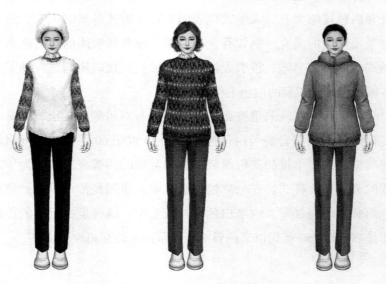

图 2-17　蓝白配色为主的托盘员服装

图 2-18　深色的托盘员服装

三、美式风格的流行

20 世纪 60 年代后，迅速发展和复兴成为世界的主旋律。特别是美国，作为第二次世界大战最大的受益方，在此刻呈现出经济繁荣、科技进步、文化发展、世界影响力增强的全球领先局面。本届冬奥会得以在美国顺利举办，也正是美国发挥自身优势，提升世界影响力的体现。本届冬奥会的颁奖服装尤其具有美国休闲服装的设计特点，颁奖场地、颁奖物资以及颁奖礼仪人员等方面也都有了系统的发展。

在冬奥会结束后的 1961 年，以肯尼迪夫人为代表的简约别致的美国着装风格对世界时尚产生了重大影响。杰奎琳·肯尼迪优雅、大气的外表使她成为当时无数女性争相模仿的对象。她引领了 20 世纪 60 年代和 70 年代一些广为人知的风尚，包括药盒帽、定制外套和无肩带礼服等。当肯尼迪宣誓就任第 35 任美国总统时，杰奎琳身着米色大衣、哈尔斯顿药盒帽和长至肘部的手套出现在媒体镜头下，这一套穿搭引领了当时的流行趋势。杰奎琳也凭借着敏锐的时尚嗅觉和高妙的穿搭技巧，经常与电影明星一起出现在女性杂志上。

杰奎琳的丈夫，时任美国总统约翰·肯尼迪非常清楚他自身的形象作用。肯尼迪的穿搭无疑是时髦的，在那个摇滚乐时代即将结束，极简主义外观开始冒头的变革时代，他一直尝试将美国不同部分的文化融合在一起。他的形象一直伴随着更窄的翻领和更紧的领带，以及从意大利剪裁中带过来的一些设计风格。当时电视技术的普及进一步促使肯尼迪夫妇引领的美国风格风靡世界。

20世纪50年代末到60年代初，美国成衣业逐渐崛起，从而深刻地影响了时装业的发展。第二次世界大战以来，在迪奥品牌的引领下，服装界开始流行一种"造型美"，而此时的美国时装已经开始从中慢慢脱离出来，开始解放女性腰身，开始"朝着单纯化、轻便化、简洁化、朴素化的方向发展"。正是因为受到了美国时装流行趋势的影响，斯阔谷冬奥会的托盘员服装延续了年轻、便捷、简单的设计思路，其款式为短款，没有添加什么多余的装饰，和以往的冬奥会托盘员服装相比，呈现出轻便、简洁、生活化的特点。这也是美国休闲时尚的体现。

冬季滑雪服装有天然的功能需求，首要的是保暖。针织毛衣是传统的保暖单品，在冬季服装场景中一直很受欢迎，历届冬奥会中都有出现它的身影。本届冬奥会的针织毛衣在服装风格上尤其具有美国学院风的特点。20世纪50年代，好莱坞影星玛丽莲·梦露和格蕾丝·凯利等人以经典的美式休闲针织衫荧幕形象在美国掀起一阵好莱坞时尚风潮，这些日常的服装款式成为潮流，人们纷纷效仿，针织毛衣和烟管裤的搭配深入人心。高腰款的烟管裤包裹臀部，裤长及脚踝，裤腿在脚踝处会收紧，掐出两根细长的腿部线条。图案与花色通常采用纯中性色，但也有印花款式，如格子、波尔卡圆点、豹纹和竖条纹等，充斥着20世纪60年代特有的热烈风情。1965年由伊夫·圣·罗兰设计的向艺术家蒙德里安致敬的H形连衣裙（如图2-19）也极具代表性。

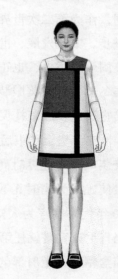

图2-19 由伊夫·圣·罗兰设计的向艺术家蒙德里安致敬的H形连衣裙

第三章　冬奥服装中的民族传统文化

　　民族的就是世界的。奥运服装作为国家形象的展示窗口，既要能体现主办国的民族文化特色，又要具备国际化的时尚审美品位。在北京冬奥组委文化活动部于 2020 年 9 月 11 日组织的冬奥礼仪服装的设计研讨会上，各方专家发表了自己的观点。清华大学美术学院教授李当岐认为，"颁奖服装不仅应满足防寒保暖功能性和可持续性的需求，还应体现主办国的文化性和时尚性，同时需要平衡民族性和国际性"。李当岐强调要平衡民族性和国际性，只有在国际舞台上展示出既有独特民族风格，又具备全球视野的形象，才能真正吸引和赢得国际观众的认同。北京服装学院教授刘元风进一步指出："为将国际化标准融入民族元素，我们要做到深入挖掘中国传统文化，在此过程中需要将其高度概括和提炼。实际上，冬奥会是一个国际性的事件，国际视野与国际胸怀也非常重要的。因此，我们的设计要做到适可而止、恰到好处，以便将自己的文化进行融合。尤其是民族文化和地域文化，此二者在测试赛时的融合效果便不错，从整体上来看就相当国际化，显得大气，局部又显示出民族共性。"刘元风强调了在设计过程中深入挖掘和提炼中国传统文化的重要性，同时也指出了在国际性事件中保持国际视野和胸怀的必要性。设计不仅仅是简单的元素堆砌，而是需要在细节和整体上都做到恰到好处，才能既显得大气，又能突显民族特色。北京服装学院院长贾荣林教授则从文化传承的角度出发，指出"民族语言的特点和创新性都很重要。在此次北京冬奥会上，一定要充分发挥出我们的想象力和创造力。因为颁奖服装是在面向全世界对国家形象的展示，所以表现力要强。中国的礼仪有着悠久的历史传统，我们这一代依然担负着文化传承的重任。恰逢又一个中华文化伟大复兴的时代，我们因此需要在奥运会当中表现出来，第一是形制，第二是图案、色彩，这些方面既要能将中华民族的文化和内涵得到淋漓尽致的展现，同时又需要一定兼容性和包容性"。贾荣林强调了创新性和民族语言的重要性，指出要在国际舞台上展示出服装强大的表现力，这也是对国家形象的有力展示。中国悠久的礼仪传统在这一过程中起到了重要的作用，我们需要在设计中充分展现中华民族的文化和内涵，同时兼具兼容性和包容性，以迎合国际观众的多样化审美需求。

奥运服装在设计中需要综合考虑功能性、文化性、时尚性以及国际性和民族性的平衡。通过深入挖掘和高度概括传统文化，设计出既具备强大表现力又能体现中华文化内涵的服装，才能在国际舞台上展示出我国独特的国家形象。这既是对设计师专业能力的考验，也是对其文化理解和创新能力的全面挑战。在这一过程中，需要保持开放的国际视野，同时深刻理解和传承本民族的文化，以达到一种和谐统一的设计效果。本章将结合冬奥会的礼仪服装案例分析，系统阐释奥运服装设计中民族特色与国际审美的平衡方法。

第一节　科尔蒂纳丹佩佐的意大利蓝与传统服装

第七届冬奥会在意大利小镇科尔蒂纳丹佩佐顺利举行，成为历史上第一次通过电视向全球直播的冬奥会。除了政府的财政支持，冬奥组委会还通过私人赞助完成了多项世界级冬季运动设施的建设，如大型室内滑冰场和"新意大利"滑雪跳台。该届冬奥会的成功举办，不仅展示了意大利的文化和科技实力，还开创了颁奖礼仪职位的先河，通过设计并记录颁奖服装，向世界传播了意大利的传统服饰文化和民族风情。

一、电视转播中的冬奥会

在 20 世纪冬奥会的历史上，科尔蒂纳丹佩佐这座城市的冬奥之路有些坎坷：它原定在 1944 年主办第七届冬奥会，然而由于不久之后第二次世界大战的爆发，一切计划也随之成为泡影。第二次世界大战之后，它被确定为 1956 年冬奥会的主办城市。当时候选的共有 3 座城市，它们分别是挪威的奥斯陆、美国的科罗拉多 - 斯普林斯和意大利的科尔蒂纳丹佩佐。[①] 在 1949 年的国际奥委会会议上，与会的国际奥委会委员经过讨论，最后一致投票选定曾于 1944 年和 1952 年两次申办未果的科尔蒂纳丹佩佐为第七届冬季奥运会的主办城市，当地人的心愿终于得以实现。

当地冬奥组委开创了充分利用企业赞助资金的办法，除了从意大利政府这一官方渠道获取了改善基础设施的财政支持，其余费用均来自私人赞助。在科尔蒂纳丹佩佐冬奥组委和第七届冬奥会筹备组的共同主持下，他们不仅完成了许多冬奥基础设施的建设，还额外修建了一些具备世界一流水平的冬运设施。其中，有专为花样滑冰和冰球比赛修建的大型室内滑冰场，建有四层看台，可容纳 1.2 万人。还有长 80 米的"新意大利"滑雪跳台，其长度是旧跳台的两倍，后来还被与会者誉为世界上最好的跳台之一。在风景优美、海拔 1755 米的米苏里纳湖畔，还修建了一条 400 米速度滑冰专用滑道。[②]

第七届科尔蒂纳丹佩佐冬奥会终于在 1956 年 1 月 26 日至 2 月 5 日顺利举行。从地理位置上看，科尔蒂纳丹佩佐位于意大利北部威尼托地区的南阿尔卑斯多洛米蒂山脉，坐落在高山山谷中的博伊特河上。它是一座规模较小的山镇，海拔高 1210 米，当时该地的实际人口不满 6000 人。这座城镇地处的多洛米蒂山脉风景独特，山峦壮丽，奇峰林立，从远处望去一个个山峰层层叠叠、蜿蜒而上，美不胜收。由于多洛米蒂山脉的存在，科尔蒂纳丹佩佐在很早的时候就成为驰名遐迩的滑雪中心和冬季运动胜地，这里早在 1897 年就举行过滑雪比赛。自 1902 年开始，滑冰赛便成了这一地区的常见赛事，1908 年之后小镇又修建了较为专业的冬季体育运动基地。随着全新冰雪运动设施的不断出现，每年来此观光和参加冰雪运动的游客络绎不绝。甚至从 1924 年夏慕尼冬奥会开始，第一批意大利滑雪者就来自这座不大的山地小镇——科尔蒂纳丹佩佐。

自第二次世界大战结束后，电视媒体传播行业步入了一个突飞猛进的发展时期。自电子扫描技术取代机械扫描技术以来，图像分辨率得到

---

① 彭德倩:《科尔蒂纳丹佩佐的"冰雪之缘"》,《解放日报》2022 年 2 月 28 日。
② 彭德倩:《科尔蒂纳丹佩佐的"冰雪之缘"》,《解放日报》2022 年 2 月 28 日。

了显著提高。相应地，电视机的清晰度已经达到了原先电影放映机的质量，所以，电视在 20 世纪 50 年代之后有着取代无线电广播成为新的娱乐中心的趋势。[①]电视作为一种常见的大众传播媒介开始迅速发展，这一现象对该届冬奥会各个方面的设计都产生了一系列的影响。在建筑上，越野滑雪场在建造时着重考虑朝南，以免电视摄像机受到逆光干扰。在服装设计上，仪式庆典服装在制定选择标准时也会考虑服装色彩在电视画面中的呈现，特别是不同场合或环节所需的各式服装在电视转播中的取镜效果，等等。在赛事转播方面，科尔蒂纳丹佩佐冬奥会是第一届面向多国观众进行电视转播的冬季奥运会，这一转变进一步促使主办国更加注重本国文化的传播和科技成果的运用。

基于意大利时尚与服饰文化的深厚底蕴，加之第一次向世界进行电视转播，科尔蒂纳丹佩佐冬奥会在颁奖典礼中设置了颁奖礼仪的职位。作为第一届设计并记录了颁奖服装的冬奥会，它既向各国传播了意大利的传统服饰文化，也彰显了其民族文化的多样性及文化风采，更在设计、宣传及资料保存等方面，为后来历届的冬奥会颁奖服装作出了优秀的典范。

二、开幕式中的意大利传统色彩

本届冬奥会举牌礼仪人员的服装并没有烦琐的装饰，反而更接近日常着装。他们的服装上衣为深蓝色高领毛衣，下身为黑色修身长裤，搭配深色棉手套和深色运动鞋（如图 3-1）。服装整体以保暖为主，风格虽然较为简约，但尤其引人注目——深蓝色的毛衣在冰山雪地中极为夺目，为白雪皑皑的会场带来了几分生机盎然。这种蓝色具有深厚的文化渊源。

在意大利的文化传统中，萨沃伊蓝（savoy

图 3-1　科尔蒂纳丹佩佐
举牌礼仪人员服装

---

① 《电子技术与信息时代（一）》，《道路交通管理》2005 年第 1 期。

blue）亦称"意大利蓝"，是一种深受意大利文化和历史影响的蓝色色调。其名称来源于萨沃伊家族，这个家族在1861年意大利统一后建立了意大利的统治王朝。萨沃伊蓝作为国家象征色之一被广泛使用。它不仅代表着萨沃伊家族的统治权威，还象征着意大利的统一、独立和民族精神——尽管意大利各地区有不同的文化和历史背景，但它们在萨沃伊蓝的象征下团结一致，形成一个统一的国家。

萨沃伊蓝的制作与应用在意大利的历史和文化中占据重要地位。这种颜色的制作主要依赖于天然矿物和植物染料，其制作历史可以追溯到使用青金石蓝（lapis lazuli blue）和石青蓝（azurite blue）等天然矿物颜料的传统。其中青金石蓝是一种由青金石制成的深蓝色颜料，主要产自阿富汗的巴达赫尚地区。青金石蓝的制作过程复杂，先将矿石粉碎、混合蜡和树脂进行分离、反复洗涤纯化，最后研磨成细粉，与媒介混合用于绘画。这种颜料非常珍贵，因其色泽深邃和稳定性高而广泛应用于中世纪和文艺复兴时期的宗教画作中。因此这种蓝色在意大利不仅是一种颜色，更是一种文化象征，反映了意大利在美学和技术方面的深厚底蕴。蓝色在意大利的视觉艺术中有着显著的应用，尤其是在宗教艺术中，文艺复兴时期的艺术大师就常用蓝色来描绘圣母玛利亚的衣袍，例如在拉斐尔的《西斯廷圣母》中，圣母玛利亚身穿蓝色的衣袍，这种颜色象征着纯洁、尊贵和神圣。

萨沃伊蓝的象征意义在1946年意大利成为共和国后仍然保留。在意大利共和国时期，这种蓝色继续在国家的官方标志中出现，例如意大利旗帜的底色也使用了这种颜色。它象征着法律和权威，传达出一种国家秩序和尊严的感受。萨沃伊蓝也被广泛用于体育和其他文化活动中，自1911年首次使用以来，这种蓝色已成为意大利在国际体育舞台上的重要象征。意大利国家队的运动服装通常采用这种颜色，象征着国家荣誉和团结精神，例如意大利国家足球队因其蓝色球衣而被称为"蓝衣军团"（Azzurri）。

作为第七届冬奥会代表运动员进行宣誓的朱里亚娜·米努佐（Giuliana Minuzzo）是第六届奥斯陆冬奥会女子高山滑雪速降比赛铜牌的

获得者，同时也是冬奥会历史上第一个执行这一光荣使命的女性。她身着宽大廓形的蓝色毛呢西装，展示出平静、深邃、严肃和含而不露的美。蓝色与意大利人的肤色比较相配，是朴实无华而又颇有品质的颜色。

三、意大利民族服装与颁奖礼服

相较于第六届冬奥会刚出现仪式庆典环节的专业品类的服装，本届冬奥会将仪式庆典中的礼仪人员的工作职能进行了细分，强调了对女性工作人员更加专业化的要求和仪式庆典的重要性。本届冬奥会颁奖礼仪人员共有八位，不同于上一届冬奥会只设置托盘员一种职务，本届冬奥会新增了引导员，这两种职务也自此开始被一直保留下来，沿用至今。20世纪50—60年代，意大利工业的复苏导致了从农村到工业城市的大规模移民，三分之一的意大利人改变了原本的居住地、工作和生活习惯。相应地，社会制度迅速发生变化，女性的就业情况也随之迎来了大幅度增长。其中，大多数女性都是中等收入者，从事"粉领工作"，即担任秘书、教师、护士和图书管理员等职责，基本都是服务性工作。在这一特殊的社会背景下，女性作为礼仪人员逐渐成为仪式的范式。

与上一届奥斯陆冬奥会设计的具有工装样式的托盘员服装不同，本届冬奥会六位托盘员和两位引导员的服装完全还原了科尔蒂纳丹佩佐的传统民族服饰，八套服装总体上形制相同，只是在图案和颜色方面有所区分，大致被分为橙、红、蓝、绿四个色系。该届颁奖服装（如图3-2）是由当时米兰斯卡拉歌剧院的裁缝店设计并制作的，这批服装的面料和配色基本都参照了意大利文艺复兴时期的经典样式，力求最大程度地展示本地原汁原味的讲究的传统服饰文化风貌。

在颁奖仪式中，礼仪人员通过组成有一定秩序的队列来完成颁奖工作，礼仪人员的站姿统一、站位有序，手持颁奖物资，显得端庄优雅、落落大方——这种站位后来一般被称作"前搭手位"，同时被应用为冬奥会礼仪人员的标准站姿，并一直沿用至今。颇具纪念意义的一点莫过于参加本届冬奥会的八位礼仪人员，随后都被详细地记录进官方报告，其中包括她们每个人的姓名、年龄。这些女孩可以说是近现代冬奥会颁奖

图 3-2　科尔蒂纳丹佩佐的颁奖服装

仪式变迁过程中重要的见证者，既展示了颁奖礼仪的变化，同时也体现了 1956 年科尔蒂纳丹佩佐冬奥会对颁奖礼仪人员的尊敬和对颁奖仪式庆典的重视。

　　该届颁奖服装其实源自科尔蒂纳丹佩佐的传统服饰，主要由拉韦西亚衬裙、紧身胸衣和胸衣插片三部分组成。科尔蒂纳丹佩佐位于威尼托地区贝卢诺省的西北角，其中拉韦西亚衬裙在意大利语的语境中有着"优先"的含义，是科尔蒂纳丹佩佐传统服饰中的重要组成部分。直至 19

世纪中期，科尔蒂纳丹佩佐地区的妇女群体都穿着这种衬裙，而它最初的穿法通常是搭配一件有大袖口的夹克外套和紧身胸衣。衬裙和紧身胸衣在形制上是分开的，衬裙一般由黑色或天然深色的羊毛制成，搭配色彩丰富的紧身胸衣，在胸前饰以缎带或蕾丝。结合实际情况来看，当地人民考虑到着装方便，常常将紧身胸衣和裙子直接缝合在一起，而这种着装方式后来不断地发展革新，并逐渐产生了新的款式——通体为叫作"ciamesoto"的黑色长裙，并配有一件袖子蓬松的白色衬衫。

聚焦于细节，我们可以发现搭配胸衣的插片通常被固定在胸衣的绑带下方，而科尔蒂纳丹佩佐地区的人民往往会通过多种工艺手法来制作这一插片，在满足装饰性的需求上，保留了材料一定的柔软触感。其中，一条带有绣花或其他装饰边缘的细亚麻方巾被塞在抹胸下面，日常穿着时则用彩色方巾代替。不穿夹克时，妇女则通常会用装饰性的袖子来填补空位，它们与紧身胸衣之间往往用缎带来连接，这一点算是阿尔卑斯山区服装的共同特征。

我们能想象一位世代居住在科尔蒂纳丹佩佐地区的女孩，身着传统服装行走在田野间，下身是大片色彩鲜艳的织锦或印花围裙，用缎带系在前腰，几乎看不见围裙下的衬裙，脚上穿着针织袜子和带扣的皮鞋，流露出田园牧歌般热情美好的气息。在 19 世纪后期至 20 世纪期间，丹佩佐山谷的民间服饰逐渐演变出三种形式："Ra Magnes"（一种礼服），"Ra Varnaza"（一种日常装）和"Ra Jaida"（一种冬装）。

实际上，1956 年科尔蒂纳丹佩佐冬奥会的颁奖服装采用的就是"Ra Magnes"，作为一种礼服，"Ra Magnes"的字面意思是"袖子"，这与当时斯宾塞夹克的流行有关。斯宾塞夹克的起源要归功于第二代斯宾塞伯爵，据说是由于伯爵离壁炉太近不小心烧毁了自己外套的衣摆，从而发明了这种短到腰部以上的小巧外套。斯宾塞夹克的历史可以追溯至 18 世纪 90 年代，而它在摄政风格流行时期也迅速成为欧洲女性的时尚选择。一般而言，与男式斯宾塞夹克到腰部以上的长度相比，女士的夹克更短。作为一种节约成本的表现，斯宾塞式的羊腿袖经常与"ciamesoto"缝合在一起。鉴于礼服的基本特性，其紧身胸衣通常在肩部和袖口上饰有三角形缎面、天鹅绒等其他材料，以满足服装的仪式性与美观性需求。

这届冬奥会不仅在传统服饰方面独具一格，在发型配饰上也十分讲究。妇女在着装时通常佩戴银饰，如发夹、耳坠、十字或圆章形项链等。她们的头发往往编成辫子盘在后颈，并以两端用金银丝装饰的大发夹来分别固定整个发髻。通常来说，穿着"Ra Magnes"一般搭配黑色帽子。科尔蒂纳丹佩佐的传统毡帽在历史上受到了奥地利的影响，最初只是用宽缎带做装饰，后来又流行在上面装饰一根鸵鸟羽毛，并逐渐演变为一种装饰必备品。帽子的大小能盖住整个颅顶，盘在后颈的辫子总能巧妙地显露出来，整体造型可谓精致优雅，颇具民族风味。

除了在仪式庆典上，传统服装也出现在科尔蒂纳丹佩佐冬奥会的其他应用中，在一定程度上体现并强化了主办城市的传统服饰特色，也彰显了科尔蒂纳丹佩佐地区悠久的滑雪文化。在冬奥会其他的场所中，民族服装也得到了充分展现：开幕式上就有一群充当引座员的孩子，他们身着当地的传统服装；在观众进入奥林匹克城的同时，主入口也有身着传统服饰的迎宾礼仪人员。相较颁奖仪式的礼服"Ra magnes"，这些迎宾礼仪人员则穿着日常装"Ra Varnaza"，与前者的礼服款相比，不仅在形象上更显亲切，行动相对来说也更加轻便。

1956年科尔蒂纳丹佩佐冬奥会的颁奖服装通过巧妙结合意大利的民族特色与国际审美，达到了精彩而恰当的平衡，取得了良好的效果，并为后世提供了范式。开幕式上，举牌礼仪人员的深蓝色高领毛衣与黑色修身长裤的简约设计既保暖又时尚，突显了意大利蓝这一民族色彩的深厚历史渊源。而在颁奖礼仪服装方面，礼仪人员的传统民族服饰完全还原了科尔蒂纳丹佩佐的地域文化特色，体现了意大利文艺复兴时期的经典样式。颁奖服装不仅展示了意大利的传统服饰文化和多样性，还通过设计、宣传及资料保存等方面，为后世的冬奥会颁奖服装设计树立了典范。这些设计既体现了意大利文化的传承和创新，又在国际舞台上展现了其独特的艺术风采，充分反映了意大利在民族文化与国际化融合上的深刻理解和巧妙运用。

第二节　因斯布鲁克的迪恩德尔服装

因斯布鲁克是奥地利西南部的城市和蒂罗尔州的首府，坐落于阿尔卑斯山谷中，被因河环绕。1964 年，第九届冬奥会在因斯布鲁克举行，本届冬奥会不仅首次引入了微秒计时的概念，还从布伦纳山口运送了大量的雪来保障比赛顺利进行。本届冬奥会的开幕式和颁奖典礼服装均采用了阿尔卑斯山地区的传统服饰迪恩德尔（如图 3-3），表现出浓厚的地方民族风情。尽管 20 世纪 60 年代的国际时尚趋势趋向短裙和更多样化的服装设计，因斯布鲁克冬奥会的服装选择仍然强调保暖和简约，体现出当时实际需求与民族传统的融合。

图 3-3　阿尔卑斯山区的迪恩德尔

一、因斯布鲁克的冬奥概况

作为奥地利西南部的城市、蒂罗尔州的首府，因斯布鲁克这座美丽的小城坐落在阿尔卑斯山谷之中，旁边静静流淌着因河。实际上，它是奥地利的第五大城市，整个都市约有 18.4 万居民。为众人所津津乐道的是，奥地利的高山就如它的音乐一样闻名于世，无论身处因斯布鲁克城中的哪一个角落，都能亲眼欣赏到白雪皑皑、银装素裹的山峦。由于北侧被山脉遮挡，因斯布鲁克气候宜人，被公认为是国际旅游的胜地。

第九届冬奥会于 1964 年 1 月 29 日至 2 月 9 日在因斯布鲁克举办。本届冬奥会总计有 36 个国家共 1000 多名运动员参加，这些运动健儿共同角逐 34 个比赛项目的冠军。自 1960 年第一台计算机首次出现在斯阔谷冬奥会上帮助裁判计算成绩后，电子计算机技术应用在本届冬奥会的各项比赛中，被广泛运用于比赛成绩的计算。随着体育运动的逐步发展，运动员的水平也在不断提高，而毫秒这一量级的计时单位也不再能满足日益追求精确的计时需求，因此在此届冬奥会的高山滑雪比赛中，首次引入了微秒的概念。

令人遗憾的是，因斯布鲁克在 2 月没有像往年一样下雪，冰雪供应成为本届冬奥会亟待解决的一项技术问题。当时技术条件尚不成熟，没有人造雪技术应用在国际比赛上的先例。直到 1980 年美国的普莱西德湖冬奥会上，人造雪技术才首次出现在冬奥会赛场。因此，在本届冬奥会开幕前两周，因斯布鲁克花费了大量人力和物力，消耗了巨大的精力和财力，硬是凭借物理运输的方式从靠近意大利边境的布伦纳山口运送了大量的雪，以保障后续比赛的正常进行。

累计超过 100 万观众在赛道旁和冰场内观看了奥运会运动员的精彩表现，而高山滑雪项目和冰球比赛的观众人数也突破了历史纪录。基于先前冬奥会实况转播的经验，到了本届因斯布鲁克冬奥会，电视直播的技术相较之前更加成熟，大大增加了冬奥会赛事的观看人数。在电视转播的过程中，最终共有超过 10 亿人次的观众使用电视收看了此次冬奥会。

在火炬传递环节设计中，本届冬奥会也有所创新，因斯布鲁克冬奥会的圣火是在希腊奥林匹亚点燃后再接续传递到举办国的。圣火先在奥林匹亚点燃，火炬手在希腊奥委会总部停留一夜，然后前往雅典。1964 年 1 月 23 日，16 名火炬手将圣火带到希勒尼康机场，紧接着前往维也纳。1 月 24 日，圣火搭乘飞机从维也纳抵达因斯布鲁克。之后，圣火在以阳台和金顶闻名的因斯布鲁克地标马克西米利亚萨尔宫面向公众展示。在冬奥会正式的开幕式上，高山滑雪运动员约瑟尔·里德尔（Josl Rieder）点燃本届冬奥会的圣火。圣火是奥运会的象征，是连接古代与现代冬奥会，以及历届冬奥会之间的精神纽带。自此之后，冬奥会圣火传递仪式与夏奥会保持一致步调，都选择从奥林匹亚出发。由此可见，作为一种文化的载体，1964 年冬奥会在仪式性上更为完善，且已经开始具备夏奥会的元素。

二、不断改良的传统服装——迪恩德尔

这届冬奥会的举牌礼仪人员都是奥地利青年，身穿浅灰色平领羽绒服，领口处的面料颜色设计为黑色，同时搭配藏青色棉裤、深色手套与皮鞋，给人以一种青年人的干练与整洁的感觉（如图3-4）。

图3-4　因斯布鲁克的举牌礼仪人员服装

在现有的影像资料中，我们并没有发现太多记录入场式的镜头。从最后代表团入座的观众席画面来看，各国代表团穿着的服装形制与上一届冬奥会类似，基本以中长款的毛呢外套与夹克为主。其中，多数代表团都搭配了帽子，以针织帽、毛绒冬帽和圆礼帽居多。甚至一些代表团的入场式服装，同时也是他们参与颁奖典礼的服装。例如，加拿大队依旧采用了和四年前一样的绿、黄、红、白、黑的五色横条纹设计，并将它们穿上了领奖台。阿根廷代表团在入场式时，特意搭配穿上了羊毛披肩，这与阿根廷支柱产业之一的大牧场畜牧业有关。

从时间脉络上来看，因斯布鲁克冬奥会是继科尔蒂纳丹佩佐冬奥会之后，第二个采用了主办地区传统民族服装的冬奥会。颁奖仪式的服装形制来源于阿尔卑斯山区的传统服装，其中就包括德国巴伐利亚州和奥地利因斯布鲁克地区的传统服装，这种服装为迪恩德尔，基本设计由紧身胸衣、裙子、短衬衫和围裙组成。

这次颁奖仪式中的托盘员以紧身胸衣搭配传统深色圆摆裙的造型亮相，两大部分被设计融合为一个整体，参照的是1930年之后的结构样式。正如北京服装学院教授贾荣林所说，民族语言的特点和创新性都很重要，要充分发挥出想象力和创造力。因为颁奖服装是面向全世界对国家形象的展示，担负着文化传承的重任，所以表现力要强，又需要有一定的兼容性和包容性。本届冬奥会托盘员套装内搭配了一件灯笼袖平领白色衬衫，控制在肘关节的袖口长度显得干练精神，袖口与领口的褶皱

花边装饰强调了仪式服装精致的美感。外部穿着的装饰性围裙是深蓝色的，上面点缀了极富当地民族元素的浅色碎花圆点与格子图案。头顶帽子的样式属于传统的蒂罗尔帽，但在帽檐的形状和宽度上均有变化，其中两款还增添了羽毛装饰，更加凸显了本地民族的别致风情（如图3-5）。

图3-5　因斯布鲁克的颁奖服装

迪恩德尔这种民族服装起源于阿尔卑斯山，在16—18世纪慢慢发展成阿尔卑斯山农民的传统服装。在阿尔卑斯山区的蒂罗尔州，迪恩德尔虽然在大体上都有着相同的服装形制，但每个村庄之间的风格都不尽相同。不同的社会阶层、宗教信仰、职业与民族的人群所佩戴的是各式各样的服装配饰，经由时间的点滴积累，逐渐形成了无比丰富的民族着装文化。

随着时代的发展，迪恩德尔也在不断进行改良。首先，传统迪恩德尔的紧身胸衣有较深的圆领或方领，但在现代设计中创新发展出了V领、心形领等更适应时代潮流的领子款式。其次，在胸衣前部区域固定通常会用到绳带和扣眼，随着拉链在服装上的广泛应用，这一项新的发明也出现在胸衣的侧面和背面。最后，传统胸衣颜色较深，由棉制成，质感厚实且耐磨；现代的迪恩德尔用料则更加多样，出现了亚麻、天鹅绒、丝绸等质感不同的材料，这不免为传统服装增添了些许独特的风采。简而言之，迪恩德尔的紧身胸衣通常饰以刺绣，参加的公共活动越是隆重，胸衣上的刺绣便越是繁复华丽。

迪恩德尔的裙子一般为 A 字形，为达到裙子在视觉上的丰满效果，腰部会有意设计一些褶皱。就裙子颜色而言，选择多样，穿着者可以根据个人喜好和具体情况自由选择。以 20 世纪 30 年代为一道分界线，此前的裙子与紧身胸衣彼此独立存在，之后的紧身胸衣逐渐与裙子缝合为一体。

迪恩德尔的衬衫则被穿在紧身胸衣之下，一般只覆盖到腰部以上。短衬衫的质地通常是亚麻或蕾丝，版型和款式多种多样，其领口的造型与装饰尤其突显了女性颈部外沿轮廓的优美曲线与独特美感。此外，衬衫两侧的袖型多以连肩的短泡泡袖、常规的短袖和长袖组成。

女性身穿迪恩德尔时通常将围裙系在腰间，恰好覆盖住裙子的前半部分。不同地区和不同风俗文化虽然都会对围裙的款式有一定影响，但颜色基本以纯色为主，常见花卉和植物的结构图案，以及被应用于面料的菱形四方连续所构成的图案。冬季，为了基本的保暖需求，围裙的服装材料以厚棉布、天鹅绒或羊毛为主。

迪恩德尔服装会受到广泛欢迎，并被选为开幕式礼服，第一个原因就是现实中经常遇到的成本问题。第一次世界大战后迪恩德尔在中欧地区越来越受人欢迎。因为它们穿着方便，易于生产，成本相对低廉。而昂贵的纺织布料和精心缝制的图案有时也能让它摇身一变成为高级时装。迪恩德尔在保持其传统服装形制的同时，仍然能给人一种简单连衣裙的印象，即使在日常生活中也毫不突兀。在魏玛共和国时期（1919—1933 年），阿尔卑斯山区中平静祥和、简单规律的生活再次成为人们理想的生活方式。埃里克·沙雷尔（Erik Charell）的《白马旅馆》（*Im weißen Rössl*）等音乐剧的传播，真正将阿尔卑斯山的美丽和穿着迪恩德尔的居民形象带进德国人民的视野里，仿佛回到了阿尔卑斯山传统的黄金时代。而人们对迪恩德尔的喜爱正是将它作为冬奥会颁奖仪式服装的第二个原因。许多阿尔卑斯山区的人依然会在节日场合穿着迪恩德尔（如图 3-6）。自第二次世界大战之后，泛德语地区的国家就在不断尝试复兴传统服装，而奥林匹克运动会就成为一个能吸引全世界观众目光的绝佳机会。为了向这种阿尔卑斯山区的传统致敬，因此 1964 年因斯布鲁克冬奥会的颁奖服装决定使用迪恩德尔。传统服装也为现代时装设计提供着源源不断的灵感：在杜嘉班纳（Dolce & Gabbana）2019 年春季成衣发布会中，就有以蒂罗尔地区传统服装为设计灵感的时装在时尚秀场高调亮相。

图 3-6　节日里的迪恩德尔服装

　　虽然 20 世纪 60 年代的服装已经开始朝着解放与创新的趋势发展，但本届因斯布鲁克冬奥会的服装还是选择更加强调保暖性和实用性。由于没有烦琐的设计元素，整体显得更为清爽简约。纵观本届奥运会，无论是东道主因斯布鲁克的工作人员还是其他各国的参赛运动员，帽子这种保暖时尚单品可谓十分普遍，不管是日常款式还是传统款式，其中的颜色、形制各不相同，这些丰富多彩的配饰确实为简约的穿搭增添了几抹生动亮眼的色彩。迪恩德尔这一传统服饰通过冬奥会这个向外宣传的广阔平台，得以被广泛传播到世界范围内的各个角落，让更多的人认识到这一传统服装的存在。实际上，传统文化基于自身特性往往很容易地将人们凝聚在一起，迪恩德尔因而重新成为阿尔卑斯山与泛德语地区的民族文化象征。仿佛是一份穿越地域、时光永驻的馈赠，迪恩德尔的身影在之后 1976 年的因斯布鲁克冬奥会上，依旧清晰可见。相较而言，后者的设计更加活泼时尚，而这不仅是对民族传统服装可塑性恰到好处的体现，也是传统服饰在时间长河中不断创新发展、除旧布新、永不过时的表现。

三、20 世纪 60 年代的时尚解放

由于当时服装的保暖功能发展得还不够成熟，因斯布鲁克冬奥会的礼仪人员服装都选用了较为简单利落的款式，在民族服装的运用上也选择了长至小腿的长裙，总体上并未体现 20 世纪 60 年代典型服装的流行趋势和风格。其实，在同一时期的时代背景下，女性的服装早已取得很大程度上的创新和解放。正是以 20 世纪 60 年代为起点，女性的裙长自 20 年代以来首次缩短至膝盖上方。这种 A 字形的连衣短裙款式简洁，方便百搭，几乎适合所有身材的女性。裙长的缩短也为手提袋和鞋子的设计开拓出更大的未来发展空间。在第二次世界大战之后，世界经济持续低迷，商品的实用性因此格外重要。在 60 年代，随着经济发展水平的不断提升，各种手提包也随之蜕变为时尚单品。短裙风格的出现、外套下摆提高至膝盖上方的改动，再搭配上鲜艳的色彩，打破了过去时代那种相对传统保守的服装设计。

1968 年，《时尚》（*Vogue*）杂志刊登了一张鲜艳的印花大衣的照片：身穿超短双排扣大衣的模特梳着未来主义的发型，明黄色的腰带与平底玛丽珍鞋的搭配成为那个时代令人难以忘怀的时尚标志。

从时代的大背景看，20 世纪 60 年代正是太空科技迅速发展的 10 年，有关太空的各种探索也激发了人们对于未知领域的期待和想象。1964 年，皮尔·卡丹（Pierre Cardin）的太空时代系列开启了服装界的太空探索潮流。这一时期的服装通常使用富有光泽的 PVC（聚氯乙烯）、金属材料和塑料元素来制造未来感。

超短裙也标志着女性革命与解放思想的出现。20 世纪 60 年代，随着女性思想的又一次进步，越来越多的女性可以和男性一样进入工作岗位。为了行动方便，这些职业女性更多选择穿着裤子，因此这一时期的女装设计也频繁借鉴了男装款式。1966 年，法国设计师伊夫·圣·罗兰为女性进一步设计出中性吸烟装，而这种时尚造型随后被大众广泛接受，并逐步成为短裙和连衣裙的替代品。

20 世纪 60 年代是欧洲战后迅速恢复元气、社会逐渐复苏的时期，举

办冬奥会对主办国来说无疑是一封对世界的邀请函，而社会积极性的极大提高又反哺了文化的传播。因斯布鲁克以一种大方、热情、自信的态度迎接世界，本国传统民族服饰亮相颁奖典礼就是最好的佐证之一。民族的即是世界的，本届冬奥会为世界文化交流作出了巨大贡献，在战后复苏的特殊社会背景下，民族文化也为当时社会提供了关于土地、和平以及生活方式在情绪上的思考与抚慰。颁奖服装作为文化附着的载体之一，焕发出了巨大能量，产生了无与伦比的积极影响。时至今日，我们依旧可以发现民族服装迪恩德尔与节日的强关联，这切实且深刻地体现了服装文化对于民族、社会，乃至整个国家的重要意义。

第三节　因斯布鲁克延续传统与可持续理念

1976 年的第 12 届冬奥会原计划在美国的丹佛市举办，但是丹佛及其所在科罗拉多州的民众以"设施建设会破坏环境，巨额的经费支出将加重居民的经济负担"为由组织抗议，反对政府发行债券募集冬奥会的举办资金。丹佛冬奥组委不得不向国际奥委会申请取消在丹佛举行第 12 届冬奥会。为了接替丹佛，第 9 届冬奥会的东道主——因斯布鲁克再次主办了第 12 届冬季奥运会。因斯布鲁克有多项现成的体育赛事设施，稍加修缮即可使用，不仅可以节省一部分的经费，而且也弥补了组织和筹备的时间。时隔 12 年，因斯布鲁克第二次举办冬奥会，也是迄今为止最后一届在阿尔卑斯山区举办的冬奥会。

一、开闭幕式上的民族男装

本届冬奥会的各国代表团举牌礼仪人员均为穿着传统服装特拉赫特（tracht）的少年。根据当地风俗习惯，特拉赫特是阿尔卑斯山区德语区的传统男装，它的组成部分包括白色或格子的衬衫、由亚麻或者羊毛制成的毛衣、吊带、鹿皮鞣制的皮裤、羊毛袜、夹克衫、帽子和哈费尔舒鞋。开幕式中，头戴蒂罗尔帽，身穿夹克外套、传统皮裤、绑腿与高帮靴子的举牌礼仪人员（如图 3-7）意气风发地带领着各个代表团入场。他们的外套的颜色共有四种颜色，分别是酒红色、灰色、深蓝色和墨绿色。其中墨绿色的外套在袖口和翻领的设计上，加入了酒红色的配色，色调复古典雅，带有强烈的艺术气息和冬季的感觉。灰色的外套搭配深蓝色内搭，由内而外散发着内敛沉稳的格调。深蓝色的外套采用了双排圆扣的设计，更具俏皮感，内搭酒红色羊毛衫，虽然两者色调都较为浓郁，但在视觉方面却体现出冷暖交错的对比，彰显出穿搭方面的层次感。而酒红色的外套则搭配了卡其色的装饰，给人以一种怀旧的风格。此外，外套上还采用了不同的设计元素，有的佩戴金色胸章，有的在白色前领上方加以金色的线条刺绣，服装更具有光泽感，也为现场烘托出一种庄重感。手套和袜子也整齐划一，精神利落。

图 3-7　因斯布鲁克的举牌礼仪人员服装

在男性特拉赫特服装中，皮裤是重要组成部分。最初这种皮质的裤子是由猎人和骑手使用，皮质面料相较于其他的织物面料更加坚韧耐磨损，一条好的皮裤具有一定的留存价值，甚至可以代代相传。膝盖以上的短皮裤通常由年轻男孩穿着，款式更加活泼也更便于行动；而年长的男性一般会穿着长至小腿或脚踝的款式，显得更为成熟稳重。在现代皮裤设计中，还会加入刺绣、褶皱和创意结构线这样的现代装饰手段。皮裤还可混搭其他材质，例如一些水洗牛仔布和其他耐磨材料也被大量使用。上身穿着的夹克外套没有固定的搭配模式，人们根据自己的喜好挑选不同的颜色和款式。近年来，一些枪驳领的西装也会时常出现在穿搭选择中。其中，男装衬衫一般是翻领款式，随后也加入了一些格子图案。时至冬季，为提供更好的保暖效果，羊毛背心和开衫取代了棉或亚麻材质的衬衫。作为一种具有船形鞋头和带钉鞋底的系带皮鞋，哈费尔舒鞋最初是为适应高山环境的工作而设计出来的，现如今已然融入了人们的日常生活中。

因斯布鲁克开幕式礼仪人员列队于各个国家代表团两侧，以便进行欢迎仪式。礼仪人员头戴传统的蒂罗尔帽，身着长款翻领红色毛呢风衣，上半身是与风衣一体的短款斗篷的造型。斗篷给人一种温柔的感觉，也把礼仪人员衬托得更为高挑优雅，而帽子、手套与长筒靴均为黑色。从整体上看，红与黑的配色显得非常典雅与端庄。整套服装的设计多体现在廓形部分，并无复杂的图案装饰和丰富的色彩搭配，在兼顾保暖性和功能性的同时，虽简约却不显单调。

本届冬奥会的大多数代表团在入场式服装上选择了风衣与大衣外套的款式。希腊代表团身着藏青色中长款风衣搭配西裤。罗马尼亚、意大利等国使用了双排扣的款式。保加利亚、苏联代表团穿着棕色大衣搭配毛绒领口。法国代表团身着棕色毛呢大衣，头戴同色系圆礼帽。英国代表团的男性身着藏青色大衣，女性则身着红色大衣。日本代表团为大衣外套搭配了红白黑条纹相间的宽大围巾。民主德国身着毛呢大衣入场，而联邦德国的代表团则身穿运动夹克。同样身着夹克衫款式的还有芬兰、伊朗、荷兰、瑞典等代表团。伊朗代表团为夹克设计了羊绒袖口。瑞典代表团身着蓝黄国旗配色的羽绒夹克入场。美国代表团身着红色夹克。另外，除了大衣和夹克这两款永不过时的冬季常见保暖单品，来自南美洲的阿根廷代表团选择使用了优雅端庄的灰色羊毛披肩。智利代表团则身着白色西装外套搭配黑色直筒西裤，尤为利落干练。

二、颁奖礼仪服装的经典延续

本届冬奥会的颁奖服装与 1964 年冬奥会一脉相承，仍然沿用了因斯布鲁克的传统服装迪恩德尔，只是这一届并没有佩戴蒂罗尔帽，因而使得整体感觉更加轻松活泼（如图3-8）。颁奖服装的基本设计依旧由紧身胸衣、裙子、短衬衫和围裙组成。礼仪人员身着的是传统深色圆摆裙与紧身胸衣。同1964年的服装结构一样，出于对穿着便捷性的考虑，设计师将深色圆摆裙与紧身胸衣两部分结合起来，发展成了一个整体。相较于1964年因斯布鲁克冬奥会有着一个很明显的改变，即圆摆裙的长度。在1964年的冬奥会上，礼仪人员的裙摆长度处于膝盖以下、小腿中间的位置，而1976年的设计则将裙摆位置上移至膝盖左右，这一变更与20世纪70年代的服装流行趋势有关。在20世纪70年代，女性对平权的追求成为世界潮流，而此届冬奥会礼仪人员身着短裙恰恰与这一趋势相呼应，表达了女性不再拘束于传统以及对自由开放的追求。上半身黑色胸衣的前后都装点着充满几何建筑感的红色线条图案，有序地交错其中，深沉稳重中透出几分力量和热情，相较1964年的服装更为时尚。套装的内搭为圆领白色衬衫，领口装饰以层层叠叠的褶皱花边，看上去精致可爱。袖子长至肘关节处，呈灯笼状，在袖口处同样装饰了木耳状的花边，仿佛绽放的花瓣包裹着颁奖人员的手臂，既便于行动，又显得美观大方。围裙分为淡黄和深蓝两种颜色，上面点缀了浅色碎花圆点和格子图案。

图3-8　因斯布鲁克的颁奖服装

为了保护举牌礼仪人员并向他们提供足够御寒保暖的功能性服装，1964年的服装采用了以保暖为主的灰色套装，并没有过多的装饰。从20

世纪 60 年代开始，时尚界已经开始强调服装曲线，旨在保暖的功能性服装的发展开始落后于时尚服装。1964 年冬奥会上的举牌礼仪人员服装没有过度强调曲线，而时至 1976 年，御寒技术的发展使举牌礼仪人员的服装在保暖的同时也兼顾了时尚，并更好地体现了当地的民族特色。这可谓是冬奥服装发展历程上日就月将的又一大进步。

在前文 1964 年冬奥会和本届冬奥会中都有提及，迪恩德尔通常被认为是阿尔卑斯山德语地区妇女和女孩的传统服装，它两次以不同的款式被运用于因斯布鲁克的冬奥会礼仪服装上，体现出当地人民对民族文化的自信及自豪感，也展示了迪恩德尔的可塑性。

三、人文关怀　持续创新

就整体而言，本届冬奥会的服装提出了不同设计风格的要求，来满足各种仪式活动。1976 年使用的服装一部分继承自 12 年前的民族风格，比如男性礼仪服装的亮相，就进一步推广了阿尔卑斯山地区的传统着装文化。在此基础上，因为新潮流的融入以及颁奖仪式的需求，本届冬奥会还展现了更多的现代化设计和经过改良的服装。这些服装将现代制作工艺与传统文化相结合，再一次向世界诠释了"传承是根，创新是芽"的深刻意义。也正是在 1976 年冬奥会之后，仪式庆典服装出现了民族服装和时尚服装相结合的创新改良趋势。在本届冬奥会仪式庆典中，民族服装和时尚服装还是分开设计的，而后来的冬奥会开始将这两种设计方法合二为一，并逐渐演变为冬奥会服装设计上的又一个惯例。

1976 年因斯布鲁克冬奥会在很短的筹备时间内，秉持环保理念对原有的场地进行改良升级，做到了一定程度的可持续发展，为之后设计全面的"可持续冬奥会"奠定了基础——即将可持续理念在筹备之初就考虑进冬奥会的各方面设计中。可持续性发展理念原是国际奥委会与主办国家之间约定俗成的共识，并于近年来发展为写在主办方合同中的明确要求。可持续性发展的要求是国际奥委会未来路线图《奥林匹克 2020 议程》的三大支柱之一，并在其延续的《奥林匹克 2020 + 5 议程》中继续占据突出地位。

　　基于 12 年前的冬奥会举办经验，因斯布鲁克秉承"低成本、高质量"的可持续理念举办本届冬奥会。在基础设施上，本届冬奥会对原有场馆进行了部分现代化的改造以便继续使用，并通过每年的精心维护，至今依然是非常专业的比赛场馆——这些都变成了冬奥会发展过程中的宝贵财富。两次点燃冬奥会圣火的伯基瑟尔滑雪跳台和当年的奥运雪橇比赛场地，由此成为因斯布鲁克的新地标，不仅吸引了大量游客来此打卡，每年还会承办各种冬季赛事。不仅如此，得益于运动场馆里先进的设施和多种可供选择的场地，许多滑雪队伍也纷纷选择在此训练。这些场馆还面向公众开放，为市民提供一个可供休闲娱乐的区域。冬奥会结束后不久，奥运村的建筑便也成为社会性住房，供市民申请入住，成为一个欣欣向荣的社区，这体现了冬奥组委对人文关怀的高度重视。

　　可以说，20 世纪 70 年代以后的冬奥会不仅仅是一项体育活动，更是一个国家、一座城市对外展示的窗口。借此契机，举办城市及其周边地区能够发展基础设施，吸引投资和大量游客。举办城市的行政、文化和交通运输的发展在提升城市影响力的同时，也进一步促进了大规模城市群的形成。

　　自 1924 年法国夏慕尼至 1976 年因斯布鲁克，阿尔卑斯山区一共承办了六届冬奥会。得益于得天独厚的自然条件，阿尔卑斯山见证了现代滑雪运动的发展，见证了冬奥会的诞生与现代化探索的发展历程。由于主办地变化得十分仓促，因斯布鲁克冬奥会只有短短三年的筹备时间，而本届冬奥组委以相对较低的成本，呈现了一届极具高质量水准的现代冬奥会。阿尔卑斯山地区依托天然的地理环境优势，为滑雪文化创造了绝佳的条件。冬奥会的举办也为阿尔卑斯山地区留下了丰厚的精神文化遗产，并为现代奥运会的举办提供了宝贵的经验与启示。2026 年第 25 届冬奥会将在意大利科尔蒂纳丹佩佐举办，这是该城市自 1956 年以来第二次举办冬奥会，也是时隔 50 年阿尔卑斯山地区再度迎来冬奥会的举办。

第四节　卡尔加里的牛仔文化

1988 年卡尔加里冬奥会的服装设计在现代与传统元素之间达到了平衡，并且紧密结合了当地产业的特色。开幕式和颁奖仪式上，引导员和礼仪人员的服装设计前卫大胆，融入了当地牛仔文化和原住民的传统特色，如卡尔加里白帽、牛仔靴和斗篷式外套等。这些设计不仅体现了卡尔加里的文化底蕴，还展示了加拿大的文化传承与创新精神，给观众留下了深刻印象。

一、加拿大的冰雪世界

在 1988 年 2 月 13 日至 28 日期间，第 15 届冬奥会在加拿大阿尔伯塔省的卡尔加里举行，来自 57 个国家共计 1423 名运动员参加了本届冬奥会。这届冬奥会的创举主要体现在两点：第一，举办时长首次延长至 16 天，包括三个周末；第二，超级大回转和高山滑雪的组合项目首次在冬奥会中亮相，而团体项目则新增了北欧组合项目和跳台滑雪项目。

卡尔加里非常重视冬奥会这一盛事，因此在为期 6 年的筹备工作中兴建了许多运动场馆与设施，硬件设施在当时堪称一流。本届冬奥会首次将滑冰项目安排在室内冰场进行，并第一次使用了计算机控制的人工造雪机，这一具有突破意义的技术进步大大降低了恶劣天气给比赛带来的未知影响，彻底解决了历届冬奥会所面临的一大难题。由于每个比赛项目都是在较为理想的情况下进行的，本届冬奥会的速滑比赛诞生了许多新纪录——荷兰女选手亨尼普打破了女子速滑 1500 米的奥运会纪录和 3000 米的世界纪录；美国的布莱尔打破了女子速滑 500 米世界纪录；瑞典的古斯塔夫松打破了男子速滑 10000 米世界纪录……整体而言，卡尔加里冬奥会的组织工作极为出色，同时也是第一届完全实现禁烟的冬奥会。为此，萨马兰奇向本届冬奥会的组委会授予了奥林匹克金质奖章。

这届奥运会在经济收益上可谓非常成功。尽管总耗资约 8.29 亿加元，在当时堪称最昂贵的冬奥会之一，但最终为当地带来了几百万加元的盈利，这是有史以来第一个从冬奥会中盈利的举办城市。一般来说冬奥会并不能为主办城市和国际奥委会创造收入，赛事的经济成本不免成为历届冬奥会主办国的挑战。然而，卡尔加里奥林匹克发展协会成功说服了奥组委，本届冬奥会随即获得了一份庞大的美国电视合同赞助，同时也吸引了超过 20 家加拿大和跨国公司的财政支持，通过企业赞助创造了数百万美元的收入。本届冬奥会的企业赞助战略成为日后历届冬奥会收益运作的典范。

本届奥运会的举办对卡尔加里意义非凡，它不仅在很长一段时间内深深影响了这座城市的文化建设，也因此为其开启了新的篇章。卡尔加里是一座仅有百年历史的城市，但它是阿尔伯塔省的文化、教育、体育中心。在冬奥会结束之后，卡尔加里这座城市成为两种文化融合的共同体，一种是对原住民文化的发掘和弘扬发展，另一种是冬奥会及其余韵所产生出的新的文化，即后续的牛仔节和冬奥文化节，为加拿大提供了新的可供传承的文化。本届冬奥会注重本土原住民的参与，并向世界展示加拿大以及卡尔加里的本土文化，围绕卡尔加里牛仔节（Calgary Stampede）展示该地区的文化特色。自 1886 年首次举办卡尔加里牛仔节以来，原住民一直积极参加各项活动，包括体育赛事、庆典游行以及传统舞蹈表演等，而本届冬奥会的盛大举办也让全世界都体验到了当地牛仔节的风采与热情。

二、开幕式上的皮毛斗篷

卡尔加里冬奥会开幕式中，举牌礼仪人员服装的上衣为斗篷式样的外套，配有白色手套和针织连帽围巾，保暖实用。上衣斗篷由不同颜色的面料拼接成不规则的条状且具有流动感的图形，同时用白色面料通过类似捏褶的方式在斗篷上制造出波动起伏的肌理，远远看去仿佛雪色笼罩下的重峦叠嶂，极富层次感的同时更显得生动活泼（如图 3-9）。连帽围巾采取堆叠的造型手法，切实做到了除脸以外的整个头颈部位的防寒保暖，外侧部分还搭配上一圈白色绒毛，这不仅带来了良好的保暖效果，还具备一定的装饰性，使礼仪人员看上去更为可爱。

考虑到上身斗篷的特点，举牌礼仪人员的下装被设计为修身长裤，整体视觉效果更为协调，保暖又不臃肿。更妙的一点在于，白色尖头的牛仔短靴恰如其分地展现了当地的民族特色，靴子上的绒毛也跟其他饰品遥相呼应。牛仔的材质在当地的各类服饰的运用中十分普遍，既兼具美观和舒适，又有很高的实用性。斗篷的造型为肢体提供了极大的活动自由度，斗篷式上衣给人以十分宽松舒适的感觉，身体的活动进而带动了斗篷每分每秒的外形变化，为该服装赋予了动态变换的灵动之美。本套服装的

图 3-9　卡尔加里举牌礼仪人员服装

主要颜色是一种低饱和、高明度的蓝绿色，该颜色与落基山脉的冬季冰雪以及高山湖泊的色调非常相似，与灰色、白色以及装饰肌理的组合搭配相得益彰。

开幕式在麦克马洪体育场举行，大多数代表团采用羽绒夹克或毛呢大衣的经典款式参加入场仪式。在服装的配色上，希腊、奥地利、智利、丹麦、芬兰、日本等国都不约而同地采用本国国旗作为服装配色来源。其中，希腊代表团身穿阔肩式羽绒夹克，头戴红色针织帽，服装主体是蓝色，在肩部与中前采用白色拼接；奥地利代表团的夹克则由红白两个主色构成，在手臂上佩戴国旗图案；芬兰代表团的羽绒夹克由浅蓝色与白色方块图案构成，而在蓝色中又饰以渐变条纹，极具设计感；日本代表团身穿浅灰色毛呢大衣，搭配同质同色的帽子，脖颈处系一条红色围巾，大大提亮了整体的视觉效果。

除上述提到的国家，其他国家亦百花齐放、各有不同，例如阿根廷代表团就身着酒红色长披肩；澳大利亚代表团身穿长款白色羽绒风衣，搭配黑色帽子与裤装；中国代表团的服装主要选蓝色和玫红色两种配色，男性运动员着蓝色羽绒套装，腰部配有两根抽绳以调节松紧，搭配

了同色鸭舌帽与手套，女性运动员则身穿同款玫红色套装；冰岛代表团着黑白人字纹毛呢大衣，搭配黑色圆礼帽；苏联代表团的男性运动员身穿深灰色毛呢大衣，女性运动员着大翻领皮草大衣，头戴相同质感的圆筒帽；美国代表团同样身穿毛呢大衣，搭配了白色圆礼帽，但男性运动员的大衣为深色，肩披白色围巾，女性运动员则为浅灰色大衣与红色围巾。最后入场的东道主加拿大代表团运动员身着红色大翻领长款风衣，搭配白色牛仔帽与短披肩，硬质短披肩上还饰以一圈白色流苏，赋予了这套服装使人眼前一亮的活力感与艺术感。

三、颁奖礼服上的白色牛仔帽

在该届冬奥会的颁奖服装中，嘉宾引导员统一穿着带有牛仔风格的西服套裙，并佩戴卡尔加里白帽，服装的整体配色与欢迎旗帜的配色相一致，都是大面积的蓝绿色点缀小面积的黄色与白色这样的配色组合形式，整体观感和谐统一。上身为不收腰的蓝绿色西服外套，领部饰有黄色面料制成的蝴蝶结，下半身为褶皱半身裙，双脚搭配低跟棕黑色牛仔靴，看起来十分清爽干练（如图3–10）。这套现代西服套装选取了蓝绿色、黄色和白色，搭配牛仔元素的卡尔加里白帽与牛仔靴，可谓是对传统地区服装与现代设计元素的充分融合。值得一提的是，本届冬奥会花样滑冰的冰上颁奖典礼上，特别有身着花样滑冰服装的颁奖礼仪人员列于颁奖台一侧，十分有特色（如图3–11）。

图3–10 卡尔加里嘉宾引导员颁奖服装

图3–11 卡尔加里花样滑冰颁奖服装

　　本届奥运会颁奖仪式中的托盘员服装与开幕式礼仪人员服装是相同的款式，上衣的斗篷配有白色手套和针织连帽围巾，下身则为修身打底裤和白色牛皮尖头靴。展示了在加拿大所处的这片辽阔的北美大陆上，历经时光的漫卷与蚀刻，同时存在着两种独特的文化——原住民的传统文化和移民的现代文化，服装风格也受此影响。

　　在本届冬奥会中，卡尔加里选择结合大量当地的牛仔元素来设计服装，其中最引人注目的便是上文礼仪服装中所提到的那顶标志性的白帽。卡尔加里白帽是一种白色牛仔毡帽，是这个城市和当地牛仔节一年一度牛仔竞技表演中的重要象征。值得一提的是，加拿大的牛仔群体形成了独属于自己的奇妙文化，这正是北美牛仔精神本土化的其中一个环节。早在19世纪70年代，第一批"牛仔"牧民便从美国爱达荷州和蒙大拿州地区赶牛来到加拿大草原。当时，牛仔竞技表演是牛仔们的娱乐方式和必练的技能，如今，这项运动已然发展成为一种普罗大众所喜闻乐见的文化活动。

　　20世纪40年代，卡尔加里牛仔节的董事会决定在一年一度的牛仔竞技表演中推广白色牛仔帽，这便逐渐形成了向到访的客人赠送白色牛仔帽的传统。由于科技的迅速发展，传统竞技活动随即通过电视转播的方式为人们所熟知，现今已摇身一变为现代化的娱乐活动。本届冬季奥运会的成功举办提升了卡尔加里在世界舞台上的声誉，这座以牛仔节而闻名的城市也因此得以进一步发展，逐渐成为国际政治、经济和体育赛事的重要举办地。得益于这次奥运会建造的体育设施，卡尔加里在1987年至2007年间举办了200多场国家级和国际体育比赛。可以说，冬奥会的举办在某种程度上使加拿大的冰雪运动迅速发展。以1988年为分界线，之前的加拿大还不是冬季运动大国，而在此之后，加拿大接连不断地在冬奥会上赢得越来越多的奖牌。尤其是在2006年冬季奥运会上，加拿大四分之一的冬季奥运会运动员都来自卡尔加里地区，四分之三的奖牌获得者来自卡尔加里所在的艾伯塔省或曾在艾伯塔省接受培训。

四、服装设计中的民族特色

纵观历史，卡尔加里自古以来就是一个多民族地区，其中不仅有牛仔和当地印第安原住民，还融合了梅蒂斯人和因纽特人等其他族群，可以说是这些不同的民族文化共同塑造了卡尔加里。

艾伯塔省的梅蒂斯人最早从事北美毛皮贸易，以充满艺术性的服装而闻名，其中的工艺装饰包括刺绣，以及豪猪毛、羽毛和玻璃珠等各种材料在服装中的运用。卡波特（capote）是梅蒂斯人的冬季服装，是一种长及大腿的长袖外套，可以搭配兜帽或斗篷，大多数人会选择在肩膀上额外增添红色装饰（如图3-12）。需要注意的是，梅蒂斯人也很喜欢利用皮革制作服装，因为皮革面料耐用，具有很好的防水性，更能适应在草原环境下的生活。梅蒂斯鹿皮夹克通常使用驯鹿、驼鹿或野牛皮制成，沿着夹克添加流苏更是这种服装上的常见工艺。因此，流苏设计不出所料也出现在了加拿大代表团的入场式服装中。

图3-12　梅蒂斯人的流苏大衣、派克大衣和传统外套

因纽特人是加拿大的另一个独立族群，他们的传统服装和鞋子主要以动物皮毛为原材料（如图3-13），并使用由动物骨头制成的针头和由其他动物产品制成的线缝制而成。因纽特人的大衣一般被称作派克大衣（parka），原意为"兽皮"，多以海豹皮和驯鹿皮等兽皮制成。为适应北极严寒气候下的户外活动，穿着者也会在大衣外涂抹鱼油用来防水。然而，现在的派克大衣在加拿大特指为冬天的户外着装，属于一种相当流行的款式。

图 3-13 以动物皮毛为原材料的传统因纽特人服装

男士派克大衣通常为直下摆、开衩，用以增强狩猎时的机动性，而大衣肩膀处宽松的设计也让猎人可以在不脱下外套的情况下将手臂从袖子中拉出，进入大衣中取暖。紧贴的兜帽为头部提供绝佳的保护，并且不会妨碍视线。外套下摆在后背处留得很长，如此一来，猎人能够长时间坐在上面并与雪地保持隔离，以免寒气入体甚至冻伤臀部，同时可以在海豹狩猎之时观察冰洞，或者在风暴肆虐之时静坐等待。女性派克大衣被称为阿莫蒂（amauti），并配备有一个育儿袋，用于照顾婴儿。在大多数情况下，阿莫蒂下摆留得更长，往往被切成圆形的围裙状。这些传统大衣一般都选择用北极熊、狗、狼等动物毛皮进行制作。

随着因纽特人渐渐与现代文明接触，外界截然不同的社会环境对因纽特服装的制造和外观都产生了极大的影响。具有现代气息的服装元素，诸如金属配饰装饰、珠子和现代织物等开始融入传统服装。在本届冬奥会的引导员服装中，我们能够看到多处对毛皮材料与兜帽元素的运用。

就整体而言，本届冬奥会的开幕式举牌礼仪人员服装和颁奖仪式上的礼仪人员的服装大都采用了蓝色系，干净淡雅，富有生机和活力。不仅如此，本届冬奥会其他工作人员的服装也均以欢迎海报主视觉的蓝绿色为主，同时搭配黄、白、紫等其他颜色，使服装在统一色系中又富有变化。不同场合、不同款型的服装在丰富功能性的同时，也带来了丰富多彩的视觉体验。本届冬奥会将本土文化与现代时尚相结合，设计出多款饱含民族风情的冬奥服装，在重视本土原住民传统的同时更好地向全世界传递了加拿大的牛仔风情，并获得了来自世界人民的广泛认可。

第五节　利勒哈默尔的北欧风情

1994 年，第 17 届利勒哈默尔冬奥会在挪威举办，这是挪威继 1952 年奥斯陆冬奥会之后第二次举办冬奥会。利勒哈默尔是一座拥有独特北欧风情的小城镇，冬奥会期间吸引了大量游客。此次冬奥会以其创新的场馆设计和生态建筑理念而著称，凸显了绿色环保的冬奥理念。在开幕式和颁奖仪式中，挪威展示了传统民族服饰布纳德，这是挪威文化和民族身份的象征。布纳德服饰不仅展现了挪威各地的民族风貌，还结合了现代设计元素。庆典服装中运用了丰富的刺绣、图案和色彩，特别是在颁奖礼仪服装中，布纳德服饰展现了挪威深厚的文化底蕴和民族风情，向世界展示了其独特的民族文化和历史传承。

一、挪威的第二届冬奥会

挪威、瑞士、丹麦作为著名的北欧三国，因其高海拔的地理位置而拥有得天独厚的滑雪及高山滑雪场地，冬季运动在这片冰雪之地诞生、成长，并发展得如火如荼。北欧三国成为冬奥运动项目的大国，虽然在领土面积上并不属于传统的大国行列，但在冬奥会上却是相当重量级的国家。挪威位于北欧，紧邻北极圈，拥有漫长的冬季和丰富的冰雪资源。广阔的山脉和峡湾为滑雪、滑冰、越野滑雪和跳台滑雪等运动提供了理想的场地。挪威的民族和文化传统深深植根于冰雪运动中，滑雪不仅是一种运动，更是挪威人日常生活的一部分，是一种重要的交通方式和休闲活动，几乎每个家庭都有滑雪设备。挪威在冬季奥运会上取得了辉煌的成绩，从 1924 年第一届冬季奥运会开始，挪威就在越野滑雪、滑冰、跳台滑雪等项目中表现出色，成为冰雪运动强国。第 17 届利勒哈默尔冬奥会在 1994 年 2 月 17 日举行，是继 1952 年奥斯陆之后挪威第二次举办冬奥会。

　　利勒哈默尔是挪威的一个小城镇，居民仅两万多人，拥有广阔的海岸线。海洋的影响不仅为当地带来了大量降雨和降雪，还为冬季运动的发展以及冬奥会的举办提供了有利条件。本届冬奥会通过市政府的支持和直接管理，各项筹备工作进展非常顺利，有超过一百万名游客来到利勒哈默尔，并创造了自 1988 年卡尔加里奥运会以来的最高客流量。

　　自 1994 年起，夏奥会与冬奥会交替举行，即每两年就迎来一个奥运年，冬奥会的重要性也日益显露。利勒哈默尔为冬奥会的举办新建了各种场馆与设施：独具一格的场馆设计受到好评，其中速滑馆外形类似一艘倒扣过来的海盗船，棚顶为木质结构，可以容纳 10600 名观众；冰球馆则巧妙利用地形，在山峰峭壁上开凿出岩洞，庞大的场馆就被隐藏于山体内部，一半在地上一半在地下，并且一直延伸到山脚下——这正是生态建筑设计的理念融入冬奥会场馆设计中的体现，并有力践行了绿色环保的冬奥理念。设施的升级也为运动员提供了更加专业的比赛场地和更为舒适的比赛环境。

二、开幕式中的民族要素

　　本届冬奥会仪式庆典服装从设计之初，便敲定了以传统民族服饰为冬奥服装的主要展现形式和主要视觉元素。本届冬奥会还采用了各种方式进行传统民族服装和服饰之间的创新再设计，从而形成了兼具视觉多元化和功能多样性的呈现方式。

　　开幕式中出现的举牌礼仪人员通常以 1—4 人的组合形式出现。挪威不同地区的传统服装样式不尽相同，举牌礼仪人员的各式着装为观众们展现了各个地区不一样的服饰风采。服装形制以不同款式的布纳德为基础，在此之上巧妙运用丰富的图案、颜色、配饰进行了设计再造（如图3-14），这使得每套搭配都有不同之处，向观众展示着传统民族服饰的魅力与多样化。

图 3-14 利勒哈默尔举牌礼仪人员服装

举牌礼仪人员服装运用了较大尺寸的传统图案，将其铺满了整个服装，这种图案的排列方式与浓烈色彩所构成的视觉形象，给人以奔放热情的视觉感受。图案被均匀地刺绣在衣领胸口或裙摆处，皆以点缀为主，同时没有大面积、大范围地运用花纹。这种设计搭配使庆典仪式服装避免了繁复冗杂，便于直观地展现出挪威地区的传统民族风情，在一定程度上更好地契合了本届冬奥会文化传播的最初愿景。各种配饰精巧多样，色彩选取浓郁热烈，让观众仅从服装上便得以窥见挪威人民热情洋溢的民族底色，在冰雪场地中烘托出浓郁的庆典氛围。丰富多样的布纳德服装也展现了挪威深厚的民族文化底蕴，让世界体会挪威的民族风情。

布纳德作为一种传统的民间服装，从广义上讲包括了自 18 世纪以来的一系列传统的乡村服装，从狭义上讲指的是 20 世纪初基于传统服装进行改良的现代设计。布纳德虽然通常多用于女性穿着，但也存在专属男性的布纳德。19 世纪 40 年代，挪威人民希望增强自身的民族认同感，进而人们从日常用品、传统故事、建筑物中寻找灵感，尽量使他们的服装变得独一无二。与世隔绝的山谷、沿海前哨和山村中的乡村服装从这时开始受到人们的追捧，这些地方自 14 世纪以来一直在沿用一些传统的服装谱系。这一时期，民间服饰逐渐成为艺术家们画笔下流行的主题，挪威的民族认同感也自然而然地通过这种服饰得以表达。1900 年前后，挪威与瑞典两国的关系行进至冰点，挪威社会中零零星星开始响起呼吁解体的声音，之后逐渐演变成挪威的民族运动。与此同时，人们想要重建正在一点点消失的古老的农村和前工业时期的民间文化，并希望以一个改良过的版本将其重新引入现代生活之中。鉴于此前相对深厚的历史记忆，民间传统服装作为绝佳的文化载体就这样引起了公众的注意，尤其是那些老旧、传统的民间服装再次进入了人们的视野。人们选择运用传统的民间元素，进而实现对衣物制作的创新，这种新的乡村风格融入民族服装之后被广泛传播。如今，人们普遍认为乡村服装就是挪威民族身份的象征。

挪威的不同地区有着不同的布纳德款式，本届冬奥会颁奖仪式中引导员与托盘员所穿着的服装就是奥普兰（Oppland）地区的布纳德。在大体形制上，女性的布纳德上身通常为一件衬衫和刺绣紧身胸衣，下身为一件长裙，有时长裙和胸衣会被连体剪裁为一件。在配饰方面，通常会选择与服装色彩花纹相匹配的头饰、腰带、长袜、鞋子、钱包以及银饰品。这种组合使整套服装顺滑流畅且不可分割，具有极强的观赏性。传统布纳德零钱袋与服装配套，并绣有相似的花纹，零钱袋中一般会装有一小本圣经，体现了当时挪威人民的宗教信仰。有的布纳德十分简单素净，衣身上没有太多刺绣，有的则会用各式各样的刺绣图案进行繁复华丽的装饰，所选择的图案大多是花卉，色彩鲜艳，取自大自然中早已存在的造型和色调。

布纳德的配饰通常以被称作索耶（sølje）的银首饰为主。几个世纪以来，挪威人使用的珠宝配饰大多由银制成，这种金属非常具有象征意义，并与挪威的民俗文化息息相关。银对于挪威人来说是一种神圣的金属，他们认为银能被用来保护自己免受恶劣天气的影响。银还被认为拥有治愈疾病的效果，在传说中甚至可以用来净化水。因此，银饰作为一种信仰被一代代挪威人传承下来，常常被装饰在布纳德上。

传统的男性布纳德包括刺绣衬衫、及膝长裤、背心、夹克、羊毛长袜、鞋、帽子和银色配饰（如皮带扣、袖扣、纽扣、鞋扣等）。男士夹克与裤子通常由粗纺呢绒（hodden）制成，这是一种经过压制成型的羊毛。衬衫则由亚麻或棉制成，有时会搭配领带，男士领带的图案与女士布纳德的刺绣相匹配。此外，还有许多与传统服装相得益彰的头饰。现如今，女性很少佩戴传统头饰，但男性仍然戴着传统的帽子。

总体而言，本届冬奥会服装以传统服装为脉络，开幕式上的表演人员也穿着各式各样的传统服饰，多数设计还是以还原传统民族服装为导向，目的是向世界观众展示挪威传统民族服饰的文化魅力。在 20 世纪 90 年代，有很多服装创新的方法都是结合本民族的传统文化而实现的，因此，这届冬奥会的服装也成为将现代服装与传统服饰进行创新性融合设计的典型案例。

本届冬奥会主题曲是由挪威国宝级女歌手西丝儿·凯嘉波（Sissel Kyrkjebø）演唱的《心火重燃》（*Fire In Your Heart*）。在开幕式上，西丝儿以挪威语夹杂着英语、拉丁语演唱了《心火重燃》这首歌。作为演唱者，西丝儿在开幕式中身着一套创新款的传统民族服装（如图 3-15）。她身上所穿的布纳德是"V"领款式的橘红色胸衣，裁剪更加简约现代，利落的黑色粗布条装饰着轮廓线，胸口处则用金色细链代替绑带，在保证胸衣廓形完整的同时显得更加精巧秀气。下装则是传统的布纳德裙装，深色长裙上搭配了一条绘有花纹的绿色围裙，脚蹬一双黑色皮靴。上身胸衣内搭的是现代花边、长袖立翻领的衬衫，款式裁剪得十分合体。其中，"Y"形交叉的前门襟处配有金色双排扣，在细节层面与胸衣上的圆形金属纽扣相呼应。颜色则选用了火焰般绚丽的红色，与演唱曲目的主题非常契合。这种将传统与现代的碰撞统一在相似的设计语言中的做法，既保留了传统服装的韵味与精髓，也用现代化的设计手法重构了传统，叫人耳目一新。

图 3-15　身穿布纳德的西丝儿

整个挪威民族十分喜爱红色，因为挪威处于高纬度地区，气候较为寒冷，红色在当地象征着红日，代表光明与温暖。挪威人对红色的喜爱使它成为服装领域的常用色。大众普遍认为红色会给人以温暖的感觉，这种对红色的偏爱也间接导致挪威的妇女对褐色皮肤的崇拜与追捧。除此之外，挪威人也偏好绿色和蓝色，人们认为绿色象征着吉祥，蓝色象征着美好，上述三种颜色都属于常用色。利用红绿配色进行搭配设计，这种设计手法不只在西丝儿的表演服装中出现过，在开幕式上的举牌礼仪人员服装上也有所运用。

在传统与现代的数次对碰与融合中，西丝儿头上佩戴的帽子正是另一大亮点。挪威各个地区不同的风土人情使得布纳德演变出不同的款式，连带头饰也表现出很强的差异性。西丝儿所佩戴的白色帽饰在形制上就与诺兰德（Nordland）地区的传统帽饰非常相似，这种帽子通常会在头顶留下大量空间，使帽顶微微垂落，形成一个全包式的造型，从而将佩戴者头部完全包裹。不同于传统款式的朴实无华，西丝儿佩戴的这顶帽子以白色为底，并额外在帽檐附近扎上了一根花色发带作为点缀与固定，这样一副在传统形制的余隙间拼接经典的时尚装扮，恰巧使得本届冬奥会的仪式庆典服装设计有一种相互呼应的系统风格。

三、颁奖礼仪服装与布纳德服装

在本届冬奥会的颁奖仪式中，引导员服装主要是深蓝色和红色的布纳德——这种发源于欧洲村庄历史悠久的挪威传统民族服装根据地域的不同，样式也会有细微差别，而引导员的服装正是化用了挪威南部奥普兰地区的布纳德式样。

嘉宾引导员服装是深蓝色布纳德，其上半身是一件无袖的"V"字形紧身胸衣和一件白色翻领衬衫，胸衣和裙子合为一体并绣有花卉等传统图案，配有银色腰带和传统刺绣零钱袋作为装饰（如图3-16）。左图为

图3-16　利勒哈默尔嘉宾引导员服装

"V"字领蓝色布纳德，右图红色布纳德在造型上与前者相近，但它的上衣与裙子是上下分开且独立存在的，在衬衫外再搭配一件方领刺绣长袖上衣，美观的同时也具有一定的保暖性。

本届冬奥会的托盘员有男有女，两者的服装仍然以传统的布纳德为基础。女托盘员服装分为蓝、红、灰三种颜色款式（图3-17），均由上下分开的无袖胸衣、白色立领衬衫和长裙搭配而成。蓝色胸衣上配有工艺精美的银饰，红色的"V"字胸衣则饰以金线刺绣的图案。挪威南部地区拥有非常丰富的纺织工艺历史，许多姑娘都会亲手为自己的布纳德绣上花卉。灰色的胸衣款式则较为简洁，条状花纹更具现代感，实属一种传统服饰与时尚相互融合的产物。

图3-17　利勒哈默尔托盘员服装

男性托盘员服装（如图3-18）的形制同样来自挪威南部奥普兰地区的布纳德，总体呈现出趋于现代化的西装款式，上身一件羊毛夹克，内搭红色锦缎背心和一件棉麻制成的长袖衬衫，夹克以银色纽扣和袖扣作为点缀装饰，在色彩细节上与女性托盘员的服装遥相呼应。下装则由长裤和收腿长袜组成，配有黑色亮皮鞋，与女性托盘员服装形成了和谐统一的视觉效果，进一步加强了颁奖仪式的秩序感。

图 3-18　利勒哈默尔男性托盘员服装

现如今的布纳德仍然采用羊毛制成，而且诞生出了更加绚烂多彩的配色。尽管大量的布纳德服装已经转移到亚洲生产，挪威本土制作的布纳德仍然可以从胡斯伏里登（Husfliden）等地的专卖店中进行购买。布纳德历经时代变迁，自始至终被视为挪威传统文化的重要组成部分。在高速发展的现代社会中，人们依旧愿意并喜爱穿着传统的布纳德服饰，这恰恰证明了对本土传统文化的保护与传承早已熔铸进挪威人如岩浆般滚烫的内心。

与往届服制相比，本届冬奥会志愿者服装形制较为新颖，整体颜色以两种明度不同的灰色为主。上衣为高领连帽运动夹克，正面和背面中心处皆以倒"U"形的造型线进行分割，"U"形以上部分和两只袖子一样为深灰色，并用白色线性图案作为点缀；"U"形以下部分为浅灰色，胸口到腰部铺满作为印花的红色抽象雪花图形，与奖牌设计相互呼应。此外，上衣门襟在胸口处呈现平行四边形的同时，还设置了相应的按扣，这起到了一定的保暖作用，而下装为同色系的浅灰色收口裤子。整体而言，这届服装既注重实用性与功能性，也独具特色，称得上是一届非常优秀的制服设计。

在本次利勒哈默尔冬奥会的筹办过程中，冬奥组委发起了多个可持续发展项目，并在场馆建设等方面坚持环保理念，尽力确保可持续性。由于开创了"绿色奥运"的先河，这届冬奥会又被时任国际奥委会主席萨马兰奇称赞为"绿色冰雪奥运"。直到今天，利勒哈默尔 1994 年新建的 10 个体育场馆仍然被投入使用。大规模的城市基础设施建设促进了挪威经济的增长，使他们建立了民族认同感，本届冬奥会也更好地传达了城市的新形象和新内涵。与 1952 年的奥斯陆冬奥会相比，本届冬奥会仪式的庆典服装更加大胆地运用了传统民族服饰，而且以"彻头彻尾的挪威"为设计理念，进一步增强了民族认同感和国家凝聚力。可以说，利勒哈默尔冬奥会是民族特色很强的一届冬奥会。

第六节　长野的和服之美

第 18 届长野冬奥会于 1998 年在日本的长野市举办，这是亚洲第二次举办冬奥会，也是日本继 1972 年札幌冬奥会后第二次主办冬奥会。长野冬奥会以"源自内心，与爱同在"为主题，通过一系列活动和设计展示了日本丰富的文化遗产和自然美景。开幕式采用了相扑表演和雅乐演奏等传统文化元素，并以善光寺的钟声作为开场，凸显了日本的历史传统和文化深度。

与第一次札幌冬奥会简约现代的风格不同，长野冬奥会更加注重日本的民族传统和民族文化。札幌冬奥会的服装设计体现了简洁和现代的国际化风格，而在长野冬奥会上，颁奖仪式使用了传统的绘羽振袖和服，开幕式上的羽织和袴正装，以及其他传统服饰元素，展示了日本的文化自豪感和传统之美。这种转向不仅强调了日本的文化特色，也反映了日本社会对传统文化的重视和对外展示的文化自信心。

一、历届冬奥会中的亚洲名片

第 18 届长野冬奥会，于 1998 年 2 月 7 日至 22 日在日本长野市以及周边的四个小镇举行，这是继 1972 年札幌冬奥运会后，日本举办的第二届冬奥会，来自 72 个国家共计 2176 名运动员参加了本次盛会。

长野市位于日本本州岛，是长野县的首府和最大的城市。该地区的农林业发达，拥有壮观的天然景色和丰富的自然资源，其西面屹立着飞驒山脉。长野市呈条带状沿山谷分布，高山与盆地的地形导致此地的海拔落差较大，气温变化明显，是本州岛冬季降雪较早、较多的地区，非常适合举办冬季奥运会。

长野冬奥会的主题是“源自内心，与爱同在”，并提出了“儿童参与”、“致敬自然”、“和平与友谊”的冬奥愿景。长野奥组委为实现这三个愿景，进行了很多开创性的尝试，例如长野冬奥会首次举办了经国际奥委会正式批准的青少年夏令营，倡导在赛道筹备中不使用对环境有害的氟利昂气体制冰。本届冬奥会还发起了“长野冬奥会休战”决议，呼吁国际交战各方在冬奥会期间停止敌对行动。

日本是第一个举办冬奥会的亚洲国家，而它所举办的长野冬奥会向世界分享了日本悠久的历史和古老的传统习俗。长野是围绕寺庙发展起来的城市，其核心建筑善光寺是日本最重要的寺庙之一。纵观历史，日本很多地区都沿用了中国唐代都城长安的城市规划。位于长野城市中轴线上的善光寺拥有近1300年的历史，是江户时代中期佛教建筑的杰作，被誉为“文化国宝”。可以说善光寺的参与打开了现代冬奥会与日本传统文化交融的大门。

在具体实施方面，长野冬奥组委通过一系列设计方案和公共活动介绍有关“传统日本”的各个方面，给世界各地的参观者留下了深刻印象。在开幕式上，善光寺的百年钟鸣和相扑古礼为本届奥运会赋予了浓郁的日本传统文化气质。后续的文化节目和颁奖仪式，以及闭幕式上的都市祭典，都使长野冬奥会从始至终体现出传统日本文化的特点与韵味。

本届冬奥会也在一定程度上改善了当地城市的交通网络，推动了长野以及周边地区的基础设施建设。在冬奥会之前，长野城市内外的公路和铁路得到升级，游客能够更容易地抵达滑雪胜地。例如，北陆新干线延伸至长野，使长野和东京之间的旅途缩短了一半以上的时间。交通的全面升级极大地推动了该地区的经济发展。

二、开幕式上的日本文化

在长野冬奥会的开幕式上，日本第64代相扑横纲曙太郎带领相扑选手们表演了"日本国技"——相扑。相扑力士梳着发髻，赤裸上身，系着 50 厘米宽、7 米长的绢制"腰带"和绣有各种花纹、约重 10 公斤的围裙，按照相扑等级高低列队鱼贯入场，在咚咚的鼓声中表演。① 在日本，"横纲"是力士的终身荣誉称号，也是大力士的最高等级；下面按顺序排列分别是大关、关胁、小结、前颈，这四个等级被称为"幕内"，属于力士中的上层；再次是十两、幕下，除此之外还有三段目和序三段；最低一级被称作序口。这些相扑选手身穿的兜裆带由缎子织成，多为深蓝色或紫色。比赛用的兜裆带习惯上不洗涤，只能阴干。因此使用多年的兜裆带上浸透了泥垢和汗渍，这被视为相扑运动员的价值所在。兜裆带下方垂有门帘似的饰带。19—21 根，是装饰品，以示圣洁。②

　　本届冬奥会开幕式的引导员由相扑选手与长野本地学校的少年组成。72 个参赛国家和地区的运动员入场时，也由穿着日本传统礼服的相扑力士和小学生一起任先导，分两路入场，再次将这一日本文化符号突显出来。③ 少年穿着的上衣正是依据各国国旗的配色设计而成，头戴纯白毛毡帽，男孩下半身穿着纯白色且带有折纸元素的裤子，女孩则穿着融合了折纸元素的短裙搭配连裤袜。白色在日本被看作具有"神"性的色彩，象征着神圣与光明，是精神和身体纯洁的象征，因此少年服装中白色元素较多。相扑选手穿着的日本传统礼服其实指的是日本传统的羽织和袴正装。在入场环节中，陪同相扑选手入场的少年们格外引人注目，他们如同"拟人化"的旗帜，着实憨态可掬（如图 3–19）。该表演服装创新地将旗帜与衣服相融合，成为一面面印有国际奥委会标志的"可穿戴的旗帜"。这些旗帜的造型源自日本传统旗帜"畑子"，是战国时期武士用来显示家族性而使用的旗帜。在日本传统文化中，相扑手肩负着净化土地的重要职责，象征着公平竞争，而引导员中的少年则代表了现代社会的和平与友谊。这些美好的象征与寓意默契地指向了此次冬奥会的精神内核——长野奥组委希望每个国家的运动员都能公平地参加奥运会，并给

---

① 《日本艺术和奥运，传统和现代的碰撞》，《文明》2023 年第 Z3 期。
② 陈胜：《浅析日本相扑运动与日本文化》，《青年文学家》2011 年第 23 期。
③ 《日本艺术和奥运，传统和现代的碰撞》，《文明》2023 年第 Z3 期。

人们带来友谊、和平和光明的未来。

　　在本届冬奥会开幕式中，大多数参赛代表队选择羽绒夹克与毛呢外套作为入场式服装。其中，一部分国家以毛呢外套为服装主体，比如希腊代表团身穿深棕色中长款的毛呢外套首先登场；奥地利代表团使用翻领毛呢外套，女性着浅色，男性则着深色；白俄罗斯代表团身穿卡其色毛呢外套，搭配红绿国旗配色的大围巾；保加利亚代表团的黑色毛呢外套饰以条纹披肩；克罗地亚代表团使用高饱和度的蓝色外套作为主体配色，内搭红白双色围巾以呼应该国国旗的配色；爱沙尼亚代表团着黑色毛呢套装，头戴灰底白色圆点的针织帽；法国代表团的毛呢外套有两种配色，男性着深蓝色，女性使用红色，内搭白色毛衣，整体上对应了蓝白红的法国国旗。

图 3-19　长野的相扑选手和少年们

　　还有使用羽绒夹克、风衣等服装的国家，如比利时代表团身穿浅灰色羽绒夹克；波黑代表团将夹克设计为蓝白黄色构成的几何图案；加拿大代表团着红白配色的夹克，在左胸口印有枫叶图案与奥运五环标志；德国代表团则使用白色羽绒服搭配黑色裤子与鸭舌帽；英国代表团着白色羽绒服搭配格子花纹的裤子与手套；朝鲜代表团着全深蓝色羽绒套装……中国代表团上身穿着的羽绒外套的配色正是取自中国国旗的红黄配色，左胸处印有国旗，下身着黑色长裤，服装由运动品牌李宁赞助。

　　除了相扑表演，在长野冬奥会的开幕式中，雅乐大师芝祐靖和日本雅乐笙演奏家宫田麻由美共同献上了开幕式的雅乐演奏——《君之代》，这是一首古老的日本歌曲，也是日本的国歌。它最早出现在平安时代（794—1185 年），一般在祭祀和官方场合使用。日本雅乐演奏时穿的衣服是袍，常用于特殊场合和仪式中，通常由丝绸或棉麻等材料制成，颜色和花纹都有许多种不同的选择。一般在雅乐表演中，演奏者身着色彩鲜艳、图案繁复的袍，以突出这一角色在庆典仪式中的重要性和神圣地位。袍的设计也经常与剧场环境和主题相呼应，以打造专属的视觉效果。为增强整体的华丽感和庄重感，袍还经常搭配其他传统配饰，如头冠、腰带、鞋履等。

　　开幕式演奏者身着的袍（如图 3-20）结合运用了日本传统服饰中直衣和狩衣两种形制，颜色上则选择了明黄色。明黄色在日本传统文化中被认为是具有神圣和吉祥寓意的颜色，象征着喜庆和繁荣。日本的直衣起源于中国唐代的汉服。在早期，日本人穿着时习惯将腰带系紧，上身和下身用一块布包裹的衣物被称作"袍"或"纽"。在飞鸟时代（7 世纪），日本开始崇尚唐朝的汉服，直衣逐渐发展成为前后对称、斜领交叉的直筒式衣服。至奈良时代（8 世纪），日本人在汉服的基础上加入了部分细节装饰，并增加了衣领的宽度和袖口的长度，使直衣蜕变为一种更为华丽的服装。到了平安时代（10—12 世纪），直衣渐渐成为贵族阶层和武士阶层的标准服装，并出现了更多的细节设计，如袖子的分割、繁复的图案和绚丽颜色等。最后，直衣在江户时代（17—19 世纪）才飞入寻常百姓家，为适

图 3-20　开幕式演奏者身着的袍

应劳作，袖子的长度逐渐缩短，颜色和花纹也随之变得简洁大方。

在古代日本历史上，狩衣在产生之初是野外狩猎时的运动装。为方便起见，运动袖部分与衣身并未完全缝合，在肩部开口，露出里面的衬衣，整体装束非常宽松。狩衣由披肩和铠甲发展而来。在古代日本阶层分明、等级森严的社会关系中，有着需要严格遵从的服饰规范。在平安时代，狩衣一般是官家的便服，到了镰仓时代则发展成祭祀时穿着的服装。狩衣的袖子异常宽大，袖端有一条穿过的带子，即"袖括"，末端可以活动的细布被称为"露"。人们穿着狩衣的同时，里面还穿有单衣和白衣。腰部以下的部分是"差绔"，肥大的绔在裸部束起，仿佛灯笼一般，但不必担心会影响到日常行动。

演奏者佩戴的帽子叫"乌帽子"，是平安时代至近代与日本和服相配的一种礼帽，所以又得名"平安乌帽"。帽子整体呈现深黑色，由硬质绸缎或其他材料制成。从历史上来看，乌帽子早期使用薄绢制作，后发展为纸制，表面涂用黑漆。与直衣的变化过程类似，它本是公卿阶级的服饰，后来在平安时代得到普遍应用。从镰仓时代开始，乌帽子越高表示身份等级越高。庶民佩戴的乌帽子则由麻织成。甚至到江户时代，乌帽子还是武士阶级身份地位的象征。

在整场冬奥会开幕式中，传统文化与现代盛事并存融汇的情形不断在冬奥会轮番上演。长野冬奥会的火炬手服装也展示出了传统与现代相融合设计的新方向。开幕式的最后，亚洲第一位花样滑冰奥运会奖牌的获得者伊藤绿身穿日本传统的祭祀和服，亲自点燃了主火炬塔，这身和服以传统形制为依托，线条、轮廓与色彩的搭配运用却十分现代。

三、传统与现代相结合的颁奖礼服

长野冬奥会，从引导员到托盘员都身着日本传统的绘羽振袖和服，发型为精致的盘发，同时搭配织锦袋（如图 3-21）。与其他届冬奥会中每位礼仪人员几乎完全统一的着装情况不同，长野冬奥会的每件礼仪和服在颜色和图案上都不一样，这种直接运用传统服装，且每套都有所差别的做法是目前为止冬奥会历史上较为独特的，也是日本为呼应全世界的

图 3-21　长野颁奖服装

期待所展现出的最为精致华美的文化名片。

　　绘羽振袖和服在日本是适于正式场合穿着的衣服，以长袖为特色，是年轻女性（通常是未婚女性）最为正式的和服，通常用于茶道和婚礼。振袖和服全身几乎都饰有彩色图案，大多是由丝绸制成，袖子的长度越长服装就越正式。绘羽指的是图案具有一定方向性和规律性的和服款式，双臂的振袖展开之后的花纹如同一幅完整和谐的图画。颁奖服装中所使用的绘羽振袖称得上是振袖中最为隆重的存在，当属观赏性与艺术性最高的款式。长野冬奥会希望能在最大程度上展示和服的丰富性，让观众充分领略到日本传统服饰的美感。

　　根据衣袖长度的不同，日本现代振袖一般分为三种，其中"大振袖"（也可称为"本振袖"）为正礼服，袖长约 114 厘米；"中振袖"为准礼服，袖长约 100 厘米；"小振袖"为一般穿着，袖长约 85 厘米。随着袖子逐渐变长，装饰也愈加复杂精美。和服上的图案通常被称为"和柄"，其中，和是日本的民族名，柄是图案的意思。和柄一般分为小纹柄和绘羽两种：前者是不断重复的简单的小图案，而后者在展开之后更像是一幅完整的绘画作品，更为华丽。绘羽图案通常描绘一些具有吉祥象征意义的自然景观，例如松、竹、梅、鹤、龟、紫藤和樱花等，每种图案都有其不同含义。其中，梅花被称为"和平之花"，是抵御邪恶的护身符，往往代表着长寿、更新和坚持；而鹤象征长寿和好运，一对鹤则代表幸福的婚姻。

振袖和服有着非常复杂和严谨的穿着顺序，首先要穿上里衣"肌襦袢"，用"腰捲"包覆，然后脚上要套上"足袋"。再穿上第二件里衣"长襦袢"——它像是一个保护层，避免流汗破坏和服的布料。紧接着，穿着者就可以穿上外层的和服，多余的衣服经过上挪，随后用"带扬"系在腰下方，再用腰带系在腰上，之后会借助一条很长的"袋板"以打结方式系上"袋枕"，最后完成装饰的袋蒂。

在日本东京 1964 年和 2021 年举办的两届夏季奥运会上，颁奖服装的设计也采用了和服元素，只不过两次呈现的形式各有不同，各具风格，也传递出不尽相同的文化信息。与长野冬奥会不同，1964 年东京夏季奥运会的颁奖服装并未直接使用传统的绘羽振袖和服，而是将奥运元素融入振袖和服的设计中。从款式上来看，礼仪人员所穿着的和服应同属于最高级别的"大振袖"，但和服图案的形式并非传统的绘羽图案，反而使用了花环、五环等现代奥运图案元素，完成了对奥运元素与颁奖服装设计的有机融合。出于季节考虑，1964 年东京夏季奥运会的和服整体更倾向于以白色为主的浅色系，并相应融合了奥运五环的颜色，对比之下，长野冬奥会和服更倾向于饱和度较高的纯色搭配。

在 2021 年 6 月发布的东京夏季奥运会的托盘员服装中，设计师山口壮大再次使用了和服元素。这一次的设计脱离了日本和服的传统形制，更多的是将和服中的代表性元素与现代的服装体系进行了结合与转化。山口壮大在设计中尝试了"正装新风格"的概念。虽然在日本举办的 1964 年东京奥运会和 1998 年长野冬奥会的颁奖仪式上，担任托盘员的女性都穿着和服，但设计师表示："也许只继承传统是不够的，我决定在拥抱和服和日本传统服装的同时接受新的挑战。"他在设计过程中更侧重于考虑穿着者的感受，并将之作为重要因素加入设计中，通过结合日本与西方不同的裁剪方法与着装理念，在一定程度上实现了"日本情感"与"西方实用性"的有机结合。这位著名设计师还将日本和服"十二单"多层领子的代表性特征及其给人带来的端庄的印象完美地融入设计之中。与此同时，基于对经典日本图案"圆环纹"（该名词日语原文为"輪つなぎ柄"，属于前文所提及图案中"小纹柄"的一种，圆环纹种类繁多，设计师并未说明参考案例具体是哪一种）的再设计，在服装纹样这一层面上显示出元素之间关系的和谐。总体上，本届奥运会的颁奖服装款式简洁、色彩清新，在传统和现代设计之间实现了平衡。

羽织、袴正装和和服都是日本的传统服装和民族服饰，具有各自的代表性和象征性意义。在难以阻挡的现代化进程中，一方面，它们同许多民族传统服装一样，逐渐脱离了日常生活的使用环境，主要应用于各种礼仪活动、仪式庆典之中。另一方面，西方服装文化的融入对于和服的创新起到了革新活化的作用。以和服为灵感的时装设计，在色彩、纹样、质地、裁剪方法以及制作工艺等各个方面，都可以产生丰富的表现形式。日本所举办的夏奥会和冬奥会，对使"和服"成为大型赛事中的礼仪性服装这一目标，都有着各具特色的阐释。换言之，和服的现代化发展能为颁奖服装的设计带来新的启示，而奥运会等大型国际赛事也恰逢其时地为颁奖服装提供了展示平台，在无形之中推动着和服文化向世界各地的传播。

本届冬奥会的组织方式可谓将对环境的不良影响降至最低。以此次冬奥会相应规定的核心精神为指导，呼吁组织者与参与者在尽可能的情况下，通过利用现有条件努力保护野生动植物，这在一定程度上促进了当地野生动植物保护条例的出台。作为奥林匹克植树纪念计划的一部分，日本全国各地总计种植了约7万棵本土树木，以抵消为新比赛场地而砍伐的1.1万棵树。冬奥会的举办还促进了日本对志愿服务的参与度——在冬奥会之后，长野市的志愿者团体数量有所增加，其中许多团体一直活跃至今。冬奥会还进一步推动了"一个学校，一个国家"项目。该项目作为首个全球奥运教育项目，让长野的学生有机会了解其他国家，既拓宽了他们的眼界，还丰富了文化意识，有利于国家之间和平与友谊的建立与维护。

冬奥会一直是主办国展示本国文化特色与历史传统的平台。长野冬奥会通过传统工艺、传统仪式以及传统服装等，打造了一届极具日本文化特点的冬奥会。举办冬奥会同样标志着日本国际影响力的提升和民族自信心的树立，通过高规格的设计和工艺，本届冬奥会还在其他方面直接或间接地展示出了日本的经济实力与国际地位。

第四章　冬奥服装的表演性与舞台感

当冬奥会赛场上第一次出现专门为冬奥会所设计的服装时，表演性就伴随其中。冬奥会上的服装在英文原文中并没有用"clothes"或"garment"，而是特意使用了"costume"这个本身具有表演性和艺术性含义，且常被应用于戏剧舞台上的服装名词。奥运会等大型仪式活动的服装在设计之初就带有明显的表演性和艺术性。在冬奥会的仪式上，每个亮相的人员都堪比戏剧舞台上的明星，很多导演和设计师也将这场"表演"视为一出极为隆重的剧目。奥运会的舞台虽然没有特定的剧目，但同样具有情节和完整的流程，每一个环节都具有独特的文化含义与深刻寓意，使其具有剧场的特殊效应。具有表现性特点的表演服装成为整个冬奥服装中的焦点。

冬奥会作为全球瞩目的体育盛会，不仅是竞技体育的舞台，更是文化展示的重要平台。冬奥会服装在文化表演中的作用不可忽视。大型体育赛事，如夏奥会和冬奥会，常常通过开幕式、闭幕式和文化节等仪式性活动展示举办国的文化和历史。这些活动不仅是体育精神的象征，也成为展示国家文化的窗口。服装设计在其中扮演了关键角色，通过独特的视觉语言和艺术表现力，向全球观众传递举办国的文化内涵。仪式性场合，特别是冬奥会的开闭幕式和颁奖仪式，是赛事的高光时刻。此类场合要求服装设计有舞台感和形式感，服装设计师和艺术总监通常将这些时刻视为一场艺术表演，服装则是这些表演中的重要元素。

表演性和舞台感提升了赛事的观赏性，还成为传播文化的重要渠道。通过服装的精心设计，赛事的表演性得以增强，使得服装本身成为一种文化传播的工具。现代科技的进步，如程控灯光、全息投影和虚拟现实技术的应用，也进一步丰富了表演的视觉效果。

第一节　格勒诺布尔的时尚表演秀

格勒诺布尔冬奥会在服装上踏出了大胆而创新的一步，更贴近"年轻风暴"的时装设计被运用在颁奖仪式环节当中，将社会风尚与冬奥会紧密联系在一处。本届冬奥会服装的表演性和舞台感体现在举办了冬奥会礼服的展示活动，这次预展活动的流程和形式都借鉴了国际知名品牌的服装发布会，也成为后来历届冬奥会服装发布的典范。作为一面与文化相互映照的镜子，或一盏与社会遥相呼应的路灯，冬奥不仅忠实地反映了时代风貌，同时还照亮了时代的方向。本届冬奥会对服装的尝试与理解为后继者开启先河，有时尚之都美称的法国也向世界交上了一张经典答卷。

一、玫瑰之城浪漫开幕

1968 年 2 月 6 日至 18 日，第 10 届格勒诺布尔冬奥会在法国的格勒诺布尔举行。在该届冬奥会主办城市的角逐中，共有加拿大的卡尔加里、芬兰的拉堤、美国的普莱西德湖、日本的札幌、挪威的奥斯陆和法国的格勒诺布尔 6 座城市。最终，格勒诺布尔以其适宜的冬季气候和当地完善的旅游基础设施赢得了更多的票数，获得了第 10 届冬奥会的主办权。

作为一座法国东南部的古老城市，格勒诺布尔的历史可远溯古罗马时期。城市位于阿尔卑斯山腹地的一处河谷中，四周被山峦环绕，伊泽尔河穿城而过，市区地势平坦，主体位于河左岸平原。这里依托河流与路网成为法国山区的交通枢纽，有较好的工业基础和经济条件。格勒诺布尔有较为完善的体育基础设施，并在此基础上积极筹备冬奥场馆建设，包括一座新建的大型冰场用来举办速滑和冰球赛事。其他设施还包括了法国第一个人造滑冰场、完善的滑雪场地和奥运村等。本届冬奥会在原有基础上进行了大幅提高。

本届冬奥会由法国总统夏尔·戴高乐宣布开幕，来自世界各地的 7 万名观众出席了隆重的开幕式。此次开幕式的环节设置尤为令人印象深刻：3 万朵红玫瑰和冬奥吉祥物从空中撒落，将运动场的气氛推向高潮。一时间，天空满是徐徐飘落的花朵，鲜艳的玫瑰花随风漫天飞舞，营造出极为热烈的节日欢庆气氛，花瓣散落在洁白的雪地上，显得鲜艳夺目，十分壮观。7 万名观众沉浸在开幕式惊奇、欢快、浪漫的氛围中。玫瑰在格勒诺布尔有着特别的含义，该城的城徽正是以 3 朵红玫瑰作为主要内容，象征着该城的三大特色：工业、文化教育和冬季运动。格勒诺布尔冬奥会的开幕式点燃了整个会场的热情，也让 7 万名观众感受到冬奥会的温暖与法国独有的浪漫。

本届冬奥会的举牌礼仪人员统一由男性担任，上衣为套头式白色翻领运动夹克，衣身拉链延伸到胸口处，夹克下摆紧身收口，在结构功能上保证了保暖效果，整体造型也更加简约休闲（如图 4-1）。下身为黑色紧身裤，搭配黑色皮质贝雷帽、皮鞋和皮手套，颇具法式风格的轻松时尚感，到今天也完全不过时。主办方以冬奥服装为载体，再次向世界展示法国时尚之都的丰厚底蕴。

时任法国总统的戴高乐宣布本届冬奥会开幕，大会当天他身着黑色的西服套装与白色衬衫，一套简约的西服套装使冬奥会场更显庄严。20 世纪 60 年代的西装已经以微妙的方式朝着时尚方向前进。第二次世界大战后较为正式的男装礼服是双排扣三件套西装，面料普遍厚重且合体。大众普遍喜好选择深蓝色、灰色或棕色和以细条纹为面料肌理的西装款式。[1] 但是到了 20 世纪 60 年代，随着流行文化席卷音乐和时尚领域，一系列全新的风格随即出现，不仅女性在改变自己的衣

图 4-1　格勒诺布尔的举牌礼仪人员服装

---

[1]　DK, *Fashion: the Definitive History of Costume and Style*, DK Publishing, 2012, p. 368.

橱，男性也加强了时尚意识（如图 4-2）。受此影响，西服的款式更加丰富，衣领变得更长、更大，而腰带和领带变得更宽，剪裁合身的单排扣夹克和更紧身的裤子更显时髦，修身款式的服装也开始逐渐流行。

图 4-2　不同年份流行的男装款式

本届冬奥会开幕式代表运动员宣誓的是高山滑雪运动员莱奥·拉克鲁瓦（Léo Lacroix）。他身穿藏蓝色运动夹克，翻领处缀有一颗扣子，左衣身佩戴格勒诺布尔冬奥会会徽，而右衣身设计有翻盖口袋，服装总体上以简约实用为设计出发点，大大增强了实穿性。

二、颁奖仪式上的时装

对于 20 世纪欧美各国的时尚界来说，60 年代是女性着装潮流迅速变革的时期。西方社会在经历了第二次世界大战以及经济的高速发展和平稳攀升之后，60 年代的时装业发生了一次非常深刻的变革。这种变化不是简单的季节流行更替，而是从观念上、系统上和状态上的全面改变，并且这种变化也对 1968 年的冬奥服装产生了一定影响。

1968 年格勒诺布尔冬奥会的颁奖服装无疑开创了先河，这是冬奥会历史上第一次邀请国际知名品牌参与冬奥会颁奖服装的设计，也是在奥运服装中融入时尚元素的代表案例。本届冬奥会的女礼仪人员服装由巴黎顶级设计师皮埃尔·巴尔曼（Pierre Balmain）设计，在冬奥会中供大约 450 名女性礼仪人员穿着。

　　1967 年，巴尔曼在巴黎举办了冬奥会颁奖
礼服的展示活动，这次预展活动的流程和形式都
借鉴了国际知名品牌的服装发布会，颁奖服装首
次与时尚接轨，从设计制作到发布的流程都与知
名品牌的研发过程相一致，巴尔曼的设计将颁
奖服装提升至国际知名服装品牌的艺术高度上。

　　巴尔曼以"奥林匹克线"（Olympic Line）命名
了他的设计，托盘员与引导员的服装为同一款式的
水绿色套装（如图 4-3），采用华达呢 ① 面料剪裁而
成。套装上衣为一件翻领外套，带两个翻盖口袋，
领子上别一枚会徽。独特的剪裁方式使上衣正面在
整体上呈现"Y"形，领口到前胸部分的三角形裁

图 4-3　格勒诺布尔的
颁奖服装

片完美贴合女性人体曲线，既起到保暖作用，又减少了服装的额道 ②，使服
装更加严谨合体，在保证颁奖服装机能性的同时勾勒出颁奖仪式人员优雅
大方且富有气质的形象。半裙长度高于膝盖，脚蹬皮鞋，并搭配有一顶软
帽和一双手套，套装整体呈现 20 世纪 60 年代流行的直线 H 形轮廓。

三、20 世纪 60 年代的休闲服装

　　不同于往届冬奥会中将主办国传统服装直接作为颁奖服装的方式，
本届颁奖服装由国际品牌参与设计，从而使颁奖服装走入世界顶级服装
的行列。本届冬奥会首次尝试了将迷你裙这样大胆的时尚元素与颁奖服
装进行巧妙融合，使本届颁奖服装趋于时尚化，又一次体现了法国这一
时尚之都对于服装文化的自信。

　　随着材料科技的发展和工业水平的进步，涤纶、尼龙、PVC 等一批
新型人工合成面料纷纷问世，在时装中的使用和流行逐渐超过传统的丝

---

　　① 　1879 年，托马斯·博柏利（Thomas Burberry）研发出一种组织结实、防水透气的斜纹布
料——华达呢（gabardine），因耐用惯穿，很快就被广泛使用，并于 1888 年取得专利，主要用于为
当时的英国军官设计及制造雨衣。
　　② 　额道，专指为适合人体或造型需要，服装技术中通过捏进和折叠面料边缘，让面料形成隆起
或者凹进的特殊立体效果的结构设计。

织物和毛织物。新型面料成为时尚服装主要材质的现象，也为20世纪60年代年轻风格的塑造提供了技术支持。

从1963年至1970年为止，是"年轻风暴"席卷全球的时代，向传统服饰挑战，牛仔裤、迷你裙、喇叭裤、不戴胸罩等现象风靡西方世界。[1]其中最具代表性的就是20世纪60年代末期风靡一时的迷你裙。实际上，迷你裙的推出是一个循序渐进的过程。作为英国的一个年轻时装设计师和时尚偶像，玛丽·奎恩特（Mary Quant）是迷你裙造型的早期形象大使。随着在媒体上的影响越来越大，奎恩特为迷你裙风靡全球发挥了核心作用。[2]

迷你裙作为20世纪60年代后半期"反体制时装"（antiestablishment fahion）中的典型代表，其着装率于1968年达到了顶峰。当时裙长被裁剪到膝盖上方是家常便饭，甚至膝以上15~20厘米的长度也已变得十分寻常。裙子简洁利落，色彩明亮，虽然这种开放风格受到老一辈的质疑，但对于年轻的时尚人士来说，将裙摆移至膝盖以上是一种表达自由的新方式。迷你裙作为一种新兴时尚受到了年轻人热烈的追捧和欢迎，有时还会搭配几何风格的艺术图案，成为摩登女孩儿形象的重要组成部分，并迅速传播到世界各地。随着短裙将女性的腿部线条显露出来，鞋子设计也出现了由高跟鞋转变为低跟或无跟鞋的潮流。

在迷你裙风潮的影响下，这个时代的女性形象变得可爱又有趣。在1965—1968年期间为纽约肯尼迪机场设计的空姐制服中，可以看到巴尔曼为冬奥会所设计的服装的影响。这一时期的制服套装大都采用H形套裙、低腰线、迷你裙的下装样式，选择与巴尔曼设计的颁奖服装几乎完全一致的款式进行制作，使其活泼可爱的风格更加鲜明地体现出来，同时带有简洁、明快的设计语言。

同年在墨西哥城举办的夏奥会的女向导制服将当年的核心图形与迷你裙潮流、波普艺术等风格结合得更为紧密（如图4-4）。相比而言，格勒诺布尔冬奥会的整体颁奖服装风格都更加优雅保守，带有传统的制服色彩，更具有高端时尚的品位。

---

① 李当岐编著：《西洋服装史》，高等教育出版社2005年版，第54页。
② DK, *Fashion：the Definitive History of Costume and Style*, DK Publishing, 2012, p.356.

图 4-4 1968 年墨西哥城夏奥会女向导制服

第二节 阿尔贝维尔的装置艺术

1992 年阿尔贝维尔冬奥会在开闭幕式和颁奖仪式服装设计上表现出前卫且大胆的风格，特别是举牌礼仪人员的装置艺术服装，以梦幻的形象出现在开幕式会场中，彻底打破了传统举牌礼仪人员服装的固有观念，特别是戏剧化的服装设计和对装置艺术元素的应用，不仅展示了极高的艺术性和表现力，也体现了阿尔贝维尔冬奥会在服装设计上的大胆创新和独树一帜。

一、法国三办冬奥会

1992 年 2 月 8 日至 23 日，第 16 届阿尔贝维尔冬奥会在法国的阿尔贝维尔举行。申请主办这届冬奥会的城市除阿尔贝维尔外，还有保加利亚的索非亚、瑞典的法伦、挪威的利勒哈默尔、美国的安克拉治、意大利的科尔蒂纳丹佩佐和德国的贝希特斯加登，共 7 个城市。最终，阿尔贝维尔获得了本届冬奥会的主办权。

阿尔贝维尔位于法国的萨瓦省，北阿尔卑斯山脉区域，靠近瑞士和意大利的边境，距离 1968 年冬奥会的主办城市格勒诺布尔大约 80 公里。

阿尔贝维尔悠久的历史、充满魅力的自然风光和浓郁的艺术氛围为本届冬奥会提供了优越的举办条件。

该届冬奥会的 57 个比赛项目中只有 18 个在户外举行，其余比赛都在室内场馆进行。本届奥运服装有室内颁奖服装和室外颁奖服装之分，这届冬奥会也是有史以来场地较为分散的一届。本届冬奥会是最后一次与夏奥会在同年举行的冬奥会，也是继 1924 年夏慕尼冬奥会和 1968 年格勒诺布尔冬奥会之后，法国第三次举办冬奥会。阿尔贝维尔为举办第 16 届冬奥会在山区多处新建现代化冰雪运动设施，例如总长 400 米的椭圆形冰场，以及可容纳 3 万人的体育场分别用于开闭幕式和冰上项目比赛。

二、开闭幕式上的表演服装

本届冬奥会举牌礼仪人员服装设计前卫且大胆，举牌礼仪人员身着像装置艺术一样的服装，以梦幻的装置形象出现在开幕式会场中，抽象的设计打破了人们对传统举牌礼仪人员服装的固有观念（如图 4-5）。它的设计灵感来源于水晶球的形态，举牌礼仪人员身着浅色紧身衣，脖颈到膝盖位置套着一个透明中空的椭圆形球体，球体内部装有大量形似雪花的装饰物。举牌礼仪人员行走在开幕式会场时，会将手伸入球体内部，不断拨动球内的雪花，雪花纷扬如同置身梦幻。蓝色的裤子搭配一双深色短靴，头戴写有各国名称的扇形立牌帽子，这样的设计解放了举牌礼仪人员的双手，将观众的视线完全聚焦在令人惊艳的服装本身，是直至今日都令人赞叹的装置艺术服装。无独有偶，2014 年索契冬奥会也设计了可穿戴的举牌员服装，来进行大胆的艺术创新。

开幕式中献唱《马赛曲》的小女孩，服装也沿袭了兼具戏剧性与冲击性的艺术

图 4-5　阿尔贝维尔举牌礼仪人员服装

风格（如图 4-6），服装以华丽的圆球形裙撑为视觉中心：从整体上看，红、白、黑三色错落有致；从细节出发，才发现是由一个个敲鼓的小玩偶围成的底摆。在红色幕布徐徐拉起后，裙上的玩偶仿佛一支乐队正要表演，与开幕式欢腾热烈的庆典气氛完美融合。与颁奖仪式中出现的室内托盘员服装相比较，这套服装在形制上与前者大体相同，也展现了本届冬奥会仪式庆典服装在设计风格上极强的统一性。

图 4-6　献唱《马赛曲》的女童服装

菲利普·吉洛特（Philippe Guillotel）无论是在时尚方面还是在戏剧方面，都是一位有着丰富经验的设计师。自 1985 年以来，他与编舞家菲利普·德库弗莱（Philippe Decouflé）联合创作了多个舞台作品。菲利普·吉洛特与菲利普·德库弗莱分别担任 1992 年阿尔贝维尔冬奥会开闭幕式的服装与舞蹈指导，在舞台设计中大量运用了现代舞的元素。两位设计师注重舞者、灯光、场景和音乐的统一性，通过使用马戏团表演常用的造型夸张的服装、面具以及配饰，将鸟人、雪球女、长翼舞者（如图 4-7）和高跷上的昆虫造型（如图 4-8）填满了整个开幕式，演员们完全与舞台和演出融为一体。这种人偶化的表演外观也引发了观众对舞台与表演者的新感知。

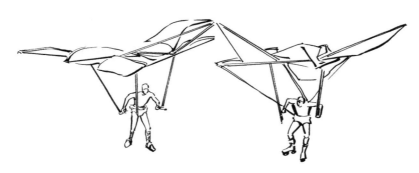

图 4-7　开幕式中长翼舞者的服装

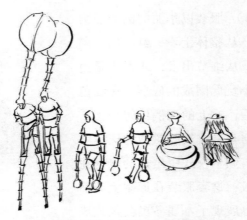

图 4-8　开幕式中昆虫造型的服装

　　在开闭幕式的舞台编排中，组委会给了两位设计师很高的自由度，保证其在设计工作上的灵活性，也体现了法国对于艺术文化原创性与创造性的崇尚和支持。菲利普·吉洛特在本届冬奥会中将服装与舞蹈结合，使服装富有戏剧性和音乐律动性。在开闭幕式表演中，由巧妙编排的舞蹈和极富冲击力的服装组合而成的视觉效果，将会场中观众的情绪由平静、肃穆转变为兴奋、陶醉。

三、颁奖仪式上的礼服

　　本届冬奥会颁奖仪式服装共分为室内引导员、室内儿童托盘员及室外托盘员三款服装。室内引导员服装上身为绿、蓝、红、黄相间的四色格子毛呢西装外套，衣身肩部挺括，在腰部以下有两个翻盖口袋，内搭一件带有蝴蝶领大结的白色衬衫。下身为一条蓝色法兰绒直筒半身裙和一双深色尖头低跟鞋（如图4-9）。该款颁奖服装具有明显的法式套装风格，腰身线条流

图 4-9　阿尔贝维尔室内引导员颁奖服装

畅，展现了引导员优雅端庄的气质。

20 世纪 90 年代以来，能源危机进一步增强了人们的环境意识，设计师从大自然的色彩和素材出发，设计旨在展现人类与自然的依存关系。回归自然，成为 20 世纪 90 年代服装流行趋势的主流之一，而这种以自然为依托的服装元素在阿尔贝维尔冬奥会的颁奖仪式服装中被广泛运用。

事实上，多元的时装风格是 20 世纪 90 年代的时尚的重要组成之一。在法国，得天独厚的历史文化、对时装审美和艺术追求的高品位、独特的艺术氛围，以及政府在各个方面对时装发展不遗余力的支持，即使在受到多种潮流的冲击下，法国的高级定制依旧熠熠生辉。其中，香奈儿品牌设计并推出的粗花呢格纹套装最具代表性。在 1992 年香奈儿高定秀场中，可以看见流行至今的经典的西服套装（如图 4–10），这些流行元素如款式设计、领结设计和口袋设计等，

图 4–10　1992 年香奈儿品牌的服装设计

在本届冬奥会室内引导员服装中均有所体现。

本届冬奥会愿景有三个：使冬奥会回归自然；为全世界的青少年提供参与冬奥会的机会；聚焦奥运健儿。在这三个目标的基础上，本次冬奥会的颁奖仪式在冬奥历史上首次起用儿童作为托盘员。

儿童室内托盘员身高皆为 1.5 米左右，男女两套服装（如图 4–11）运用了"光芒"、"拱形"、"尖顶"、"十字架"、"风车"等元素，这与当地深受基督教文化浸染有很大关系，我们可以看到基督教中代表美好祝愿的符号都被运用到了服装的设计之中。少女上身为藏蓝色连帽紧身衣，下身为半球形裙摆，头发盘于脑后，帽子上设计有五根球状装饰物，如同神圣光圈向四周发散，呼应着本届冬奥会的口号"One Light，One

World"（一束光，一世界），显得十分神圣美丽。在服装图案方面，胸前和手臂处运用了十字架图案作为装饰，萨瓦省的省徽主体也是十字架。少女的连衣裙从裙摆到腰部由大到小排列着立体风车装饰物，白色的折纸风车样式元素作为装饰，使服装更加丰富、可爱与灵动的同时，也塑造出托盘员女孩的可爱形象——风车元素看似静止，却充满动感，象征着生命富有活力，流转不息。少女身穿着一双白色打底袜，夸张立挺的廓形加强了服装的表演性和艺术性。男孩则身着藏蓝色紧身连体服，在腹部运用了萨瓦省的省徽作为装饰，后背到胸前环绕一圈四角凸起的方形状也是装饰，带有弧度的线条交错堆叠出拱形，如同哥特教堂中绚丽的花窗微缩于衣身，向外凸起的尖角构筑起高耸圣洁的建筑，将观众拉入梦幻的庆典当中。前卫的设计、合体的剪裁和丰富的配饰，本届冬奥会服装可以说探索并开拓了颁奖仪式服装在艺术层面更广阔的可能性。

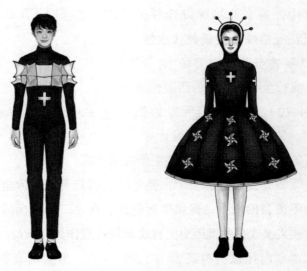

图 4-11　阿尔贝维尔室内儿童托盘员服装

本届冬奥会的颜色系统有着明确的比例，白色为 70%，红色、蓝色各 10%，其他颜色（黄、绿、黑、灰）共为 10%。各冬奥部门都有其代表色，运动相关为红色，负责接待观众的为蓝色，媒体为黄色，贵宾为灰色，组织部门为绿色，这些颜色配比也被运用到了奥运服装中。

室外颁奖服装由科唯（K-Way）品牌赞助提供，这套服装既被用于颁奖仪式，也被应用在本届冬奥会的志愿者服装上，兼具颁奖服装与制服两种功能用途。该设计的外套通身以金属灰色为主，搭配灰白色套头衫和高领内搭，在衣身上点缀有依照冬奥会五色^①的长方形色块（如图 4-12）。科唯赞助的服装装备包括一件防水的混合纤维大衣、一条灯芯绒长裤、一双靴子、一件混合纤维套衫、一件双层混合纤维高圆翻领运动衫、一副混合纤维手套和一条混合纤维的头巾。由于室外颁奖服装单品种类丰富，礼仪人员和志愿者可根据不同着装场合自由选择，也方便服装的换洗。在整个颁奖仪式过程中，每一位礼仪人员都能保证着装大体上的统一，使颁奖仪式规范而有秩序感。

图 4-12　阿尔贝维尔室外托盘员及引导员服装

1992 年的阿尔贝维尔冬奥会是冬奥会史上一个重要节点，本届冬奥会无论是开闭幕式服装还是颁奖仪式服装，都具有极其大胆前卫的设计风格，使得本届冬奥会从服装就呈现出颠覆式的艺术风格与视觉效果。菲利普·吉洛特所设计的室内儿童颁奖服装无疑是颁奖仪式上一道独特亮丽的风景线，这也是冬奥会历史上第一次使用儿童来担任颁奖仪式礼仪人员。青少年作为该届冬奥会中的重要角色，体现了举办国对青少年参与的重视。在服装设计的奥运遗产方面，该届冬奥会也为后世提供了典范。除了在官方报告中大量提及，阿尔贝维尔市遗产部门也在冬奥会后组织了冬奥会开闭幕式及颁奖仪式服装的展览（图 4-13），供观者回味并近距离地欣赏这些独特的文化遗产。

---

① 冬奥会五种颜色，指红、蓝、黑、绿、黄这五种颜色。

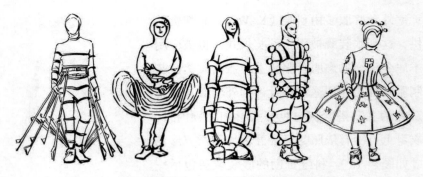

图 4-13　开闭幕式及颁奖仪式服装展览上的服装

随着社会经济、思想、文化的发展，人们的情感和审美观念的变化，使人们不再满足于实用性服装，进而更加追求开放、个性和创新。这类服装与快速发展的 20 世纪 90 年代的时代精神相契合。设计师通过探索服装的表现手法和表现载体来展现冬奥会的新面貌，而菲利普·吉洛特对仪式庆典服装语言的探索已然成为重大国际仪式场合中服装艺术展现的经典范式。在本届冬奥会中，无论是开闭幕式的表演服装还是颁奖人员服装，都能使人感受到强烈的艺术性和表演性，可以看出菲利普·吉洛特对仪式庆典服装的探索与研究。总体而言，本届仪式庆典服装脱离传统制式的礼服，为整个冬奥会增添了浓郁的故事感和艺术氛围，使本届冬奥会成为冬奥历史上极具特点的一届。

第三节　盐湖城的光之子

2002 年盐湖城冬奥会的服装设计展示了高超的设计水平和创新精神。在开闭幕式和颁奖仪式服装设计上，引人注目的"光之子"形象的灵感源于犹他州的白色野牛，代表了世界青年和未来的希望，成为开幕式和颁奖仪式中的重要标志。本届冬奥会的服装设计不仅体现了美国西部的牛仔文化，还融入了科技元素，展示了美国雄厚的科技实力和对科学技术的崇尚。这些设计为观众带来了独特的视觉体验，并通过服装艺术表现了当地文化，体现了颁奖服装设计语言的逐渐成熟，为后续的冬奥会树立了典范。

一、美国西部的滑雪胜地

2002 年 2 月 8 日至 24 日，第 19 届盐湖城冬奥会在美国犹他州的盐湖城举行，这也是美国第四次举办冬奥会。盐湖城是美国犹他州的首府和人口最多的城市，它位于盐湖谷的东北角。从气候环境上看，盐湖城属于寒冷的半干旱气候，但它与潮湿的大陆性气候和地中海气候接壤，因此夏季干燥炎热，冬季寒冷多雪，犹他州的雪拥有"地球上最好的雪"之美称。

盐湖城在历史上因其铁路发展被称为"西部的十字路口"，采矿业和钢铁业曾是盐湖城的经济支柱。现代盐湖城转而以服务业为主，在冬奥会之后，盐湖城增加了滑雪和户外运动相关产业，继而带动了旅游业。这座城市还拥有著名的世界级滑雪场，例如阿尔塔滑雪场、布莱顿滑雪场、孤独滑雪场和雪鸟滑雪场。因其得天独厚的冬季自然条件，犹他州至今仍然是美国国家队冬季运动项目的训练基地之一。

二、白色野牛与"光之子"

本届冬奥会举牌礼仪人员服装为男女同款，上身是一件乳白色羊角扣宽松毛呢大衣（如图 4-14）。大翻领搭配微落肩的设计，体现出美式服装特有的闲适轻松，衣身长度及膝盖以上，两侧余量宽松，前门襟处搭配四枚经典的锥形牛角扣，两侧分别设计有一个大翻盖口袋，进一步增强了服装的功能性。下装为一条黑色直筒裤和一双黑色平底鞋。乳白色牛仔帽在配色上令观众完全抛去了过往刻板的牛仔印象，与毛呢大衣构成完整造型的同时，也增添了些许浓郁的美国西部风情，这和开闭幕式及颁奖仪式中都有出现的"光之子"套装在设计上巧妙地形成了对话。

"光之子"灵感来源于当地的野牛群，牛仔

图 4-14 盐湖城举牌礼仪人员服装

帽的搭配也成为本届冬奥会开幕式上的一个小小彩蛋。为了御寒，举牌礼仪人员都配有白色或黑色的手套，而一身毛呢质感的服装既起到保暖作用，又展现了举牌礼仪人员温暖热情的一面，会场中的气氛也随着举牌礼仪人员和各国代表队的出场而逐渐升温。

美国西部与墨西哥接壤，因此当地经典的西部牛仔帽造型与墨西哥牛仔们常戴的宽檐高顶毡帽一水同源，这种帽子名叫"斯特森"（stetson），帽子顶部向下凹陷，而两侧帽檐则稍稍往上翻翘。

从大量的西部电影中，我们可以发现牛仔帽的演变过程和多样性。牛仔帽除了使佩戴者平添一些潇洒干练，还具有多方面的实用功能，它不仅可以遮挡风霜雨雪、烈日冰雹，还是现成的水瓢、饭碗和枕头。

2001年，震惊世界的美国"9·11"事件激发起的美国人民的爱国热情在本届冬奥会开幕式上再度高涨。本届冬奥会从各类设计到开幕式表演都紧紧围绕着主题口号"点燃心中之火"（Light the fire within），开幕式就讲述了一个将要被暴风雪吞噬的小男孩凭借心中之火勇敢战胜困境的故事。小男孩身着红白相间的运动装，头戴一顶红色针织帽，穿梭在"光之子"形成的人潮之中，鲜艳的红色呼应生生不息的心中之火，只见男孩手提一盏明灯，照亮前行的方向，也象征着本届冬奥会意图传达给人们突破阴霾的勇气与力量。

乳白色长毛绒的"光之子"套装让人联想起犹他州的白色野牛，盐湖城所在的犹他州一共拥有美国的两个野牛群，羚羊岛野牛群和亨利山野牛群。追溯到几千年前，美洲原住民部落与美洲野牛之间有着文化和精神层面上的紧密联系，白色野牛被认为是一种神圣的动物和宗教的象征，同时也是力量与团结的象征，所以野牛的图案经常被用于北美的官方印章、旗帜和标志中。

表演仪式环节率先出场的是狂欢的牛仔人群。表演人员身穿美国西部独特的牛仔服装载歌载舞地进入会场，男性身着非常经典的格子衬衫上衣，头戴一顶牛仔帽，下身穿着一条休闲长裤，脚蹬皮靴。女性则穿着各色宽松多褶的纯色棉布裙，搭配碎花长袖上衣，还原出美国西部独特的牛仔生活风貌。美国西部牛仔诞生于18—19世纪美国西部的开发中，正如在好莱坞电影中展现的，他们是吃苦耐劳、富有冒险精神的开拓者，也成为美国精神的重要标志。牛仔的元素通过现代的设计手法融入进本届冬奥会的服装与会场设计当中，将美国西部文化传递给世界。

本次冬奥会也是在经历了"9·11"事件后，美国重新凝聚人心的契机。纽约警察代表演唱了美国国歌《天佑美国》，8位美国运动员和8位纽约警察和消防队员身着深蓝色制服，佩戴美国国旗徽章，将一面从"9·11"事件废墟中抢救出来的美国国旗护送进会场，这也是冬奥历史上首次出现残缺的主办国国旗的情形。在举行各国代表队入场仪式时，三届冬奥金牌得主、著名滑冰运动员爱米·皮特森（Amy Peterson）举着另一面国旗，带领美国队走进会场。他们身着代表国旗颜色的红、蓝服装，手里挥动着小国旗向欢呼的观众致意。可以说，本届冬奥会美国代表团的装束也表达了人们灾后重建的信心与反战的和平思想。在本届冬奥会举办前5个月发生的"9·11"事件给美国人民带来了极大的伤痛，本届冬奥会也希望通过奥运精神的传递为美国人民带去力量。部分表演环节有悼念的慰藉之意，服装的设计理念也向和平、坚强等精神看齐，起到了一部分疗愈心灵的作用，向我们展现了奥运精神在遇到当代问题时，是如何发挥作用的。本届冬奥会也留下了宝贵的奥运遗产，这种奥运精神借由奥运遗产进行表达传播的方式也被后来的冬奥会学习并加以运用，成为一种示例。

三、颁奖礼服中的西部文化

盐湖城冬奥会的各类设计都遵循了共同主题[1]的设计理念，雪花作为核心图形[2]被广泛运用到了本届冬奥会会场上的各处设计中，例如会徽、海报以及部分场馆的墙面设计。为了实现共同主题的设计理念，本届冬

---

① 盐湖城冬奥会整体设计追求更为统一的理念，创意服务、比赛外观和仪式庆典都基于一个共同主题，即盐湖城冬奥会的口号"点燃心中之火"。

② 核心图形（core image）作为奥运会形象景观的重要构成元素，具有连接奥运会徽、吉祥物、体育图标、口号等奥运形象元素的关键纽带作用。核心图形主要应用于奥运会场馆内外、城市形象景观以及庆典仪式、文化活动等领域，营造充满活力的赛场环境和城市庆典气氛，激励运动员，满足观众和来访者的奥运体验。

奥会在会徽设计的基础上，将会徽图案通过不同的拆解和组成形式应用在其他冬奥设计当中。

图 4-15 盐湖城托盘员
服装

托盘员的上衣下摆处就使用了经过拆解和重组的会徽中的雪花图案（图 4-15）。托盘员服装为男女同款的灰色运动服，搭配了黑色皮鞋，服装整体采用了灰、蓝、白的搭配，来自本届冬奥会核心图形中的"山影"（mountain shadow palette）配色，这是盐湖城冬奥会中最具代表性的配色。上衣正面使用了解构主义的设计风格，线条和色块将衣身分割为几个具有对称结构的部分，并通过服装结构线以及面料的拼接使整体风格更具科技感，而后背处则印有白色的奥运五环图形。在细节方面，不规则的下摆和一体式设计的拉链，都体现出具有创新性的现代感设计。

美式风格运动装是美国对时尚的贡献，也是现代美国比较具有代表性的服装种类。20 世纪 20 年代，美国人逐渐开始将运动装从日常装中分离出来；第二次世界大战后，运动服开始使用合成弹力面料和尼龙；70 年代中期，李小龙将经典的弹力运动服带入了主流时尚；到了 90 年代后期，运动服逐渐进入工作场所，也使得工作服装开始休闲化。20 世纪 90 年代，美国本土设计师品牌拉夫·劳伦（Ralph Lauren）、卡尔文·克莱恩（Calvin Klein）等，都将自己的风格带入了运动服装市场。[1]

进入 21 世纪，运动装分化出了休闲街头装和正装造型，美国运动服饰得到进一步发展。正是在运动服蓬勃发展的背景下，本届冬奥会使用了更加融合创新的运动款式作为仪式庆典服装。

嘉宾引导员的服装（如图 4-16）部分使用了开幕式中"光之子"的设计。"光之子"的服装为全身纯白的长毛绒套装，并配有白色针织帽或发带以及同色系的围巾手套，毛绒与针织的质感使青少年看上去更加纯

---

① Anne McEvoy, *Fashions of a Decade: The 1990s*, Chelsea House Publishers, 2007, p.36.

洁可爱。"光之子"代表着世界青年和对未来的希
望，在开闭幕式以及颁奖典礼中，来自盐湖城和
整个犹他州的数百名年轻人作为"光之子"参与
了本次活动。

　　"光之子"作为本届冬奥会的重要标志，被
雕塑家克利尔·瓦尔纳（Kraig Varner）于 2004
年制成了纪念性雕塑。这座雕塑旨在向 2002 年
冬奥会和冬残奥会的所有志愿者致敬，这种以雕
塑纪念冬奥会文化遗产的方式也被后来的很多届
冬奥会效仿。

图 4-16　盐湖城嘉宾
礼仪人员服装

　　本届冬奥会的志愿者多达 2.6 万人，他们为冬
奥会的顺利举办提供了高效率的志愿服务，属于
冬奥会不可或缺的一部分。志愿者服装被分为红、蓝、黄、绿四种颜色，
每种颜色代表相对应的服务区域。蓝色代表盐城湖组委会的管理者和工
作人员；绿色代表协助准备和维护会场设施的志愿者；黄色代表着服务
于成千上万观众的志愿者；红色则代表了医疗志愿者。志愿者的服装款
式都为运动服套装，服装颜色由四种主题色和黑白双色搭配而成。衣身
设有搭配暗扣的立领，袖口处为收拢型，充分起到了保暖作用。右衣身
的图案为冬奥会徽雪花的重构图形，左臂外侧印有"盐湖城 2002"（SALT
LAKE 2002）的字样，服装整体简约又具有时尚感。

　　本届冬奥会以一种新鲜的姿态向世界展示了美国西部的独特文化，
这种展示融合了服装的艺术表达，让服装成为当地文化传播的重要媒
介与载体。本届冬奥会还将许多科技图形元素应用到服装设计中，部
分原因是基于美国雄厚的科技实力和对科技元素的崇尚。鉴于美国对
功能性服装领先于世界的研究，盐湖城冬奥会在运动服的基础上结合
冬奥会设计主题进行了综合创新，也体现了美国对现代服装文化与科
技实力的自信。盐湖城冬奥会率先提出的整体设计概念也影响了之后
的冬奥会，像都灵冬奥会、温哥华冬奥会、索契冬奥会及平昌冬奥会中
的各类设计也开始出现更为紧密的联系，并逐渐融入了更多的现代服装

的设计方法与理念。

在举办过三届冬奥会后，美国作为本届冬奥会东道主更多地展现了盐湖城的地方性特色，并进一步突出了地方文化对于加强地方性建设的积极作用，为当地旅游业带来了更多机遇。回顾整个冬奥会史，盐湖城冬奥会是进入 21 世纪的第一届冬奥会，颁奖环节设计经过接近一个世纪的发展已臻于成熟，颁奖服装的设计也逐渐从直接使用制服和民族服装，发展为融合创新的更加现代的服装设计。换言之，颁奖服装在更加成熟的同时，也有更多展示出各个主办国国家的民族文化的设计。

第四节　都灵的顶级服装设计

第 20 届都灵冬奥会在意大利都灵举办，这是意大利第二次举办冬奥会，也是历史上最大规模的冬奥会之一。本届冬奥会首次在手机上提供现场视频报道，为全球观众带来了全新的观赛体验。都灵冬奥会由意大利顶级设计师乔治·阿玛尼（Giorgio Armani）和佛朗哥·莫斯奇诺（Franco Moschino）为开闭幕式和颁奖仪式设计了独特的服装，将传统手工艺与现代时尚相结合。引导员服装采用立领垫肩设计、立体褶皱和鲸鱼肋骨裙撑，营造出雪山和冰雪的视觉效果，而颁奖服装则运用了轻羽绒和高科技材料，体现了功能性和时尚感的完美融合。

一、信息化时代下的冬奥会

2006 年 2 月 10 日至 26 日，第 20 届都灵冬奥会在意大利都灵举办。继 1956 年科尔蒂纳丹佩佐冬奥会后，此次是意大利第二次举办冬奥会。都灵拥有超过 90 万的人口，是当时历史上最大的冬奥会举办城市，来自 80 个国家和地区共计 2508 名运动员参加了本次盛会。

本届冬奥会首次在手机上提供冬奥会的现场视频报道，以苹果手机为代表的智能手机提供了继现场和电视后又一个全新的观赛平台，将移动网络浏览这一便捷的观看方式带进了千家万户，为五大洲的 18 个国家提供了相关业务。整个冬奥会期间，国际奥委会的官方网站就有累计超过 3200 万次的访问量。这一切都与 2006 年无线网络的进步有关，此时用于更高速移动数据的 3G 网络已经迅速普及。

从地理位置来看，都灵位于意大利北部，是重要的商业和文化之城。一方面，这座城市曾经是欧洲的主要政治中心，从 1563 年开始，它先是萨沃伊公国的首都，接着成为撒丁王国的首都，并于 1861 年至 1865 年成为意大利的第一个首都。另一方面，都灵拥有极为丰富的文化和历史，这座城市以其巴洛克式、洛可可式、新古典主义和新艺术风格的建筑而闻名。在本届冬奥会的开幕式表演中，就有致敬文化演变与发展的艺术表演。

二、开幕式上的雪山松林服

本届冬奥会开幕式中的服装十分令人瞩目，意大利设计师乔治·阿玛尼和佛朗哥·莫斯奇诺带领各自的品牌一起设计了开幕式的服装。"莫斯奇诺"（Moschino）是以设计师名字命名的意大利品牌，创立于 1983 年，产品以设计怪异著称，风格以高贵迷人、时尚幽默、俏皮为主，主要产品有高级成衣、牛仔装、晚宴装及服装配饰。由于莫斯奇诺有着将出色的服装设计与自我反讽结合在一起的非凡能力，意大利奥组委选择他来参与设计工作。2006 年都灵开幕式的组织艺术指导总监利达·卡斯特利（Lida Castelli）介绍道："我们希望引导员形象具有典型的意大利形象，但不是传统的意大利形象，因为他们在奥运会开幕式上发挥着重要作用。"①

各国代表队入场仪式的礼仪人员的服装由设计师莫斯奇诺设计。礼仪人员的服装极具艺术感，以白色为主体色调，上身是一件立领垫肩设计的短毛呢外套，下身搭配长款 A 字裙，在领口、袖口和前门襟处使用毛绒质感的面料，扣子样式选用盘扣，并搭配一副白色手套。这套衣服的灵感来源于阿尔卑斯山脉和以手工建造为特色的房屋，由创作团队用传统工艺手工制作完成（如图 4–17）。从整体效果来看，穿着者仿佛身披

---

① 邓清、周绍恩：《冰雪与时尚——往届冬奥会开幕式引导员服饰大赏》，《服装设计师》2021 年第 10 期。

图4-17 都灵举牌礼仪人员
服装

雪山行走，每条裙子用10米长的奶油色硬丝缎面制成，采用立体褶皱塑造山峰的形态，用天鹅绒面料模拟雪花的形状，裙摆采用18世纪传统裙子所用的鲸鱼肋骨作为裙撑，增加裙摆体积使引导员可以自由活动。①纯净的裙摆点缀着雪松形状的装饰，雪松装饰自下而上、由近及远渐渐地在裙摆上淡出，高处的雪松装饰上还覆盖着似积雪般的朦胧点缀，在裙摆模拟的山脉上，还有几个滑雪动态的小人偶，使得裙摆上的静景转为动势，极富戏剧张力。当举牌礼仪人员穿着这件特殊设计的服装款款走来时，自然与人和谐一体的画面也铺陈在观众面前，由此带来饱含艺术美感的审美体验。整套服装的设计突破了人们对于传统礼服的固有思维与认知，无疑是意大利时尚艺术底蕴的体现。

开幕式表演中，阿玛尼为模特兼演员卡拉·布吕尼（Carla Bruni）设计了一件令人印象深刻的"玻璃裙"礼服作为开幕式服装。阿玛尼介绍这件礼服的设计灵感来源于水晶和冰，用精致优雅的材料和恰到好处的细节，营造出了冰雪的结晶质感和闪耀效果。流线外形和修身设计突出了布吕尼身材的优美曲线，与水晶和冰的相关元素相呼应，礼服整体采用了浅色调，进一步凸显了冰雪的纯洁和清新。象征冰的透明感和清澈感的冰蓝色亮片装饰细节的加入，也让这件修身连衣长裙在灯光下显得波光粼粼、熠熠生辉，远远望去仿佛点点星辰闪烁于星辰大海，唯美高贵。这件由阿玛尼设计的闪亮礼服展现出了优雅、华丽的现代风格，使布吕尼在开幕式上成为一道极为璀璨的风景。

本届冬奥会开幕式起用了大量的演出人员，无数身着纯白色连体服的表演人员在会场上两两结对成矩阵。在橙黄色灯光的照耀下，演员们

---

① 参见邓清、周绍恩：《冰雪与时尚——往届冬奥会开幕式引导员服饰大赏》，《服装设计师》2021年第10期。

用身体语言模拟黄昏时分波澜起伏的海浪并且有序地变换队形，组成了巨大的罗马数字"XX"。白色的表演服装随着会场灯光的改变而变化，忽明忽暗，呈现出色彩交错变换的奇妙效果。身处深蓝色的灯光之下，演员们头上佩戴的小灯由后至前逐渐亮起，宛若倒映在深邃汪洋中的点点繁星在无休无止地闪烁着。在服装的艺术呈现上，还采用了现场换装的方式，使服装在短时间内迅速变换为奥运五环的颜色，即蓝、黑、红、黄、绿五色。此外，还用人形组成了运动员图案的抽象图形，随着人潮的起伏涌动，巨大的"滑雪运动员"形象也被赋予灵巧的动态。

在冬奥会开幕式运动员入场环节，羽绒夹克受到了许多国家代表团的青睐，这再次体现了轻羽绒热潮的影响。其中，中国代表团在本届冬奥会采用了以蓝白为主色的服装设计，羽绒外套为长款立领，在左胸口印有五星红旗，搭配一项白色圆帽。与以往不同的是，本次中国代表团的出场服没有采用常见的国旗配色，而是选用了颜色较为质朴的蓝白色，这是一次审美上的大胆尝试，整体造型配色非常有活力。穿着短款羽绒夹克的国家有很多，例如奥地利代表团就采用红白配色的短款羽绒夹克，在肩膀与手臂处设计有几何造型的图案，搭配红色针织帽；捷克代表团使用全白的设计，搭配一条红色围巾以点缀素色的套装；美国代表团采用黑白配色的设计，搭配的贝雷帽共有黑、白、红三种颜色。另一些国家则采用中长款的羽绒外套，例如澳大利亚代表团的浅黄灰套装搭配明黄色针织帽，参与入场式的运动员手握代表澳大利亚的黄色袋鼠玩偶。东道主意大利压轴登场，代表团选择中长款连帽的银灰色羽绒外套，外套的面料富有光泽，连帽边沿处采用毛绒面料拼接装饰，显得时尚且舒适。因为各国家入场服大部分由运动品牌阿迪达斯和耐克赞助，所以这一类服装的设计风格较为相似，喜好采用简单的色彩进行设计，如此一来既能使整体服装色彩和谐，还可以增加设计感。

"都灵2006志愿者计划"被称为"NOI2006"，该项目先于本届冬奥会于2004年1月启动，由意大利滑雪传奇皮耶罗·格罗斯（Piero Gros）牵头，2万多名志愿者作为整个冬奥会系统的关键组成部分参与其中。为尽可能简化管理和确保制服的一致性，都灵奥组委希望本届冬奥会能提供单一类型的制服，既不区分户外和室内的志愿者服装，也不在服装的款式设计上做不同级别官员的区别。制服上不同的图案标识将参与了各方面工作的志愿者群体进行了科学有效的分类，使每个人的工作类别显而易见。可以说，该项计划取得了巨大的成功。亚瑟士品牌是 2006 年都灵冬奥会的服装赞助商之一，该公司为 2 万多名冬奥会志愿者、都灵奥组委工作人员和意大利奥运代表队都赞助了制服。

三、轻羽和大衣作为颁奖礼服

本届冬奥会的颁奖服装分为室内与室外两款设计。室内颁奖服装为双排扣立领蓝色中长款毛呢大衣套装，内搭绿色高领毛衣，脚穿与毛衣同色的高跟鞋（如图 4–18）。穿着者在腰部与袖口缀有本届冬奥会主视觉标识配色的彩带设计，腰间彩带前部印有白色奥运五环图案，背面则是 "Turin 2006"（都灵 2006）的字样。整件服装优雅得体，配色深邃，非常契合冬奥会的冰雪主题，使得室内颁奖人员能够从容、舒适、自信地完成自己的工作。

图 4–18　都灵室内颁奖服装

室外颁奖服装是绿色短款羽绒服（如图 4–19），内穿蓝色高领折边毛衣，下身搭配与室内颁奖服装同款的蓝色直筒裤，脚上穿有白色雪地靴。在腰部、帽子与袖口同样有主视觉配色的彩带装饰。值得注意的是，该款羽绒服反映了 2005 年左右的轻羽绒热潮。这一时期羽绒服的款式从臃肿肥大的廓形转向更加轻薄的款式，多层次缝线固定羽绒的设计也广受欢迎。都灵的冬季寒冷潮湿，羽绒服能为人们提供极大的保暖功效，衣服表

图 4–19　都灵室外颁奖服装

面那层充满生机的绿色也为户外的冰雪赛场点缀了生机与活力。

不管是开幕式由高定设计师所呈现的极具设计感的冬奥表演服装，还是颁奖仪式中更具功能性与保暖性的礼仪服装，都灵都为我们展示了意大利国家身为"艺术之都"独特的时尚审美和鲜明的艺术风格。现代意大利时尚在国际上崭露头角，离不开第二次世界大战后纺织业的快速重建和成衣生产的兴起。从1949年开始，意大利开始举办时装秀，旨在强调意大利艺术和文化遗产，吸引了来自全世界的目光。此外，意大利注重加强对服装的创新和产业模式的开发研究，促使时尚行业在该国得以蓬勃发展。在2000年初的意大利时尚体系中，我们可以发现其中整合了现代服装的先进生产、休闲裁剪、精致皮革制品技术，以及纱线和面料的创新。这些先进的服装技术使意大利在开幕式服装的设计中表现出极高的工艺水准与审美水平。

意大利的时装设计世界闻名，时尚一直是该国社会文化生活的重要组成部分。意大利设计师同时也是本届冬奥会的设计师，例如乔治·阿玛尼、佛朗哥·莫斯奇诺等声名鹊起并享誉全球。这些设计师各具特色，对于设计都有着自己独到的见解。阿玛尼注重男士的时尚单品，同时也塑造了20世纪60年代后期的新一代职业女性形象；莫斯奇诺的风格体现了20世纪80年代对古怪和超前事物的热爱。

2006年都灵冬奥会首次设立了奥林匹克休战墙，旨在倡导和平与团结。自此之后，每届冬奥会和夏奥会都会设立奥林匹克休战墙，成为促进世界和平的一个重要象征。

2006年冬奥会的成功举办为都灵以及意大利带来了持久且深远的影响。首先，都灵冬季奥运会改变了人们对意大利北部工业地区的看法，并推动了该地区的休闲产业和文化旅游景点的发展，为老工业区的产业转型作出了卓越贡献。其次，奥运会也是新技术对外推广的重要平台。都灵冬奥会使用了当时最先进的宽带覆盖技术，覆盖包括了全球范围内约31亿的人口。可以说这项使全世界受益，改变未来生活方式的技术在此次冬奥会上得到了实践与发展的舞台。最后，2006年都灵冬奥会被公认为是环保与可持续的典范，欧盟也将其视为最佳实践案例。除了尿液检测技术，此次冬奥会前成立的区域反兴奋剂中心还进行了奥运会历史上的首次血液样本分析，为公平竞技提供了宝贵的发展经验。

第五节　索契的雪姑娘

2014 年索契冬奥会展示了首次举办冬季奥运会的俄罗斯的卓越设计和文化特色。索契这座"黑海明珠"以其独特的地理位置和气候条件为冬奥会提供了完美的舞台。开幕式上的举牌礼仪人员服装灵感来自俄罗斯民间故事中的雪姑娘，结合了传统的科科什尼克头饰和现代设计，创造了兼具典雅和科技感的视觉效果。颁奖仪式服装大量运用了核心图形，结合取自俄罗斯传统拼布棉被的图案，展现了俄罗斯丰富的文化和艺术传统。博斯克设计的志愿者制服采用多彩渐变的拼布印花，靓丽的色彩和功能性设计使得整个冬奥会充满活力。整体而言，本届冬奥会的服装设计通过系统化的图案运用和冰雪元素的结合，不仅展示了俄罗斯深厚的文化底蕴，还实现了传统与现代的完美融合。

一、黑海滨城的冰雪盛会

2014 年 2 月 7 日至 23 日，第 22 届索契冬季奥林匹克运动会在俄罗斯联邦索契市举行，这是俄罗斯历史上第一次举办冬季奥运会。

索契城位于俄罗斯南部黑海沿岸的索契河畔，是欧洲最为狭长的城市，整座城市位于西高加索山脉的斜坡上，向下延伸至黑海，如此奇特的地貌给索契带来了温暖的亚热带气候，依托于高加索山脉的高山地形与高山积雪，又使索契拥有了举办冬奥会的冰雪条件。索契作为以贸易、度假和旅游业为主要经济发展支柱的城市，截至 2014 年，每年接待的游客超过 300 万，是全球著名的黑海海滨度假城市，有着"黑海明珠"的美称。

2013 年 9 月 28 日，索契冬季奥运会圣火采集彩排仪式在希腊古奥林匹亚举行，10 月 20 日，奥运圣火搭乘核动力破冰船首次抵达北极，在 –15℃ 的极端低温环境下，圣火依旧熊熊燃烧。11 月 23 日，火炬从布里亚特共和国首府乌兰乌德抵达伊尔库茨克州，并且在贝加尔湖湖底成功传递，本届冬奥会的圣火传递路线也向世界展现了主办国先进的科技发展水平。索契冬奥组委在赛场附近修建了大型储雪设施，早早开始了人工造雪的准备，450 台造雪机将 87000 立方米的水变成了雪——这足够将 500 个足球场铺满约 6 米深，出色完成了将竞赛场地覆盖 "150% 用雪量" 的目标。

举办奥林匹克运动会是东道主国家向世界展示其国家特色和文化遗产的重要平台，索契在正式的冬奥会举办之前就开始了一系列的预热活动，例如 2010 年的电影年活动、2011 年的戏剧年活动、2012 年的音乐之年活动和 2013 年的博物馆活动。一系列活动为索契冬奥会的开展拉开了序幕，向全世界观众传播了俄罗斯的民间音乐、民族服装、历史照片和俄罗斯原住民文化等。

二、开幕表演中的历史叙事

本届冬奥会开幕式中，举牌礼仪人员的服装形象来源于俄罗斯民间故事中的人物——雪姑娘（如图 4-20），她是俄罗斯童话中霜爷爷的孙女，在圣诞节期间担当霜爷爷的得力助手。雪姑娘在俄语中被称为 "Snegurochka"，"sneg" 在俄语中是雪的意思，经常被描绘成拥有雪白的肌肤、蓝眼睛和卷曲金发的美丽女孩。每到新年的时候，俄罗斯社会各界和全体人民都会组织迎接 "雪姑娘和霜爷爷" 的活动。作为冰雪的神

图 4-20　俄罗斯雪姑娘形象

圣化身，这两位吉祥的童话人物给每一个俄罗斯人都带来新年礼物、欢乐和对未来的美好憧憬，而本届冬奥会火炬传递经由雅库茨克时，火炬手在传递点也受到了装扮成霜爷爷与雪姑娘形象的角色的欢迎。

举牌礼仪人员头部巨大的科科什尼克头饰无疑是本届开幕式最大的看点之一，轴对称的半透明镂空图案取材自传统元素，蓝色由边缘向中

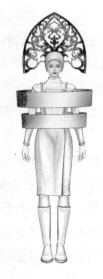

图 4-21　索契举牌礼仪
人员服装

心渐变消失，搭配光泽晶莹的材料，整体风格典雅又不失亮丽。服装则采用一体式服装，制成立领正肩紧身的包臀连衣短裙样式，在裙子下摆开衩以便礼仪人员行走，通体白色，并搭有白色长靴（如图 4-21）。

　　不同于往届冬奥会手持式的引导牌，本届冬奥会开幕式的引导牌被设计为两个环绕身体的圆环，半透明质地的圆环正反面分别印有英俄双语的国家名称，侧面装饰有蓝色传统图案。两个圆环上下排列，弧形金属杆辅助礼仪人员支撑圆环，加上雪花状的蓝色花纹，在形式创意方面有很大的创新突破，半透明磨砂的材质也增加了不少科技感，将人的视觉中心拉至下方，与存在感强烈的头饰起到了中和作用。这样的设计也与冬奥会纯白的冰雪相融合照应，传统形象被现代化的设计语言重新诠释，俄罗斯文化由此通过冬奥的窗口向世界传播。

　　传统的科科什尼克头饰是一种俄罗斯民族头饰，最早出现于 17 世纪的俄罗斯北部，因为斯拉夫民族的已婚妇女需要遮挡头发，这种装饰品应运而生。后来科科什尼克演变出数十种不同的样式，由女性佩戴，通常搭配萨拉凡裙，用长而厚的丝带在头饰后部固定为一个大蝴蝶结。装饰图案通常是树木和花卉，并使用珍珠刺绣和金制贴花的工艺，前额区域经常装饰有珍珠网。在穿着科科什尼克时，女性通常把头发扎成一束。直到今天，它仍然是俄罗斯民间文化的重要特征，并衍生了科科什尼克风格的建筑。

　　俄罗斯传统民族女性服装为萨拉凡（sarafan，字面意思是"从头到脚"），这是一种长梯形状的无袖长连衣裙，其廓形笔直、流畅，通常穿在一件带有蓬松和精美刺绣袖子的衬衫外，是俄罗斯传统民间服饰的一个重要组成部分。事实上，大多数人认为萨拉凡是起源自俄罗斯女性和男性所穿的类似长衫的服装，自 18 世纪开始，成为俄罗斯北部和中部地区的农民妇女服装，直到 20 世纪才逐渐变为常服。萨拉凡最常见的颜色是红色、蓝色和白色，装饰有复杂的刺绣。时至今日，萨拉凡仍然作为夏日轻便连衣裙的设计款式，在俄罗斯传统民间的歌舞表演中占有重要地位。

本届冬奥会开幕式中的合唱团便身着各式各样的传统民族服饰，并带有造型各异、繁复华丽的科科什尼克。只见在雾气蒙蒙的白色场地上，合唱团手挽着手列队吟咏古典曲调，白金相间的衣装典雅大方，将斯拉夫民族传统的服饰文化呈现给世界观众。

在本届冬奥会开幕式上，俄罗斯代表团的服装也取材自传统民族服饰元素，以民族风格的无领长款羽绒大衣亮相。本届冬奥会官方服装赞助商博斯克公司（Bosco Sport）秉承了传统设计理念，采用与俄罗斯国旗一致的红白与白蓝红相间图案，服装款型利落合体，省道从胸前直通下摆，收紧出腰线。在服装轮廓线上还缀有长绒毛边装饰，形成类似长毛围巾的设计感，与俄罗斯冬季传统服装中的淑巴造型相似，在保暖的同时增添了些许冬日氛围。博斯克公司的品牌以经典刺绣标识和针头标志为特色，从 2002 年盐湖城冬奥会到 2016 年里约奥运会，一直都是俄罗斯代表团的服装赞助商。

俄罗斯传统冬季服饰名为淑巴，也可称为毛皮大衣或衬垫夹克，是俄国人冬季必不可缺的御寒服装。这种服装款式自 16—17 世纪以来逐渐变得流行，前身是俄罗斯北部和中部省份的农民服装。在 18—19 世纪，商人和市民都穿着这种服装。由于俄罗斯气候寒冷，淑巴一直是冬季服装的主选，直到羽绒服的问世，才彻底打破了淑巴的垄断地位。

开幕式从一位名叫柳波芙的小女孩的梦境开始，用 33 个俄文字母分别演绎了俄罗斯上千年历史中曾为人类社会带来巨大贡献的闪耀群星。从"诗歌的太阳"普希金、"文学的巨人"列夫·托尔斯泰、作曲家柴可夫斯基到"抽象主义之父"康定斯基、现代派绘画大师马克·夏加尔再到作家契诃夫；从古典乐到芭蕾舞，再到元素周期表和月球空间站，涉及文学、音乐、艺术、科学、建筑、雕塑……俄罗斯民族的成就汇成梦幻而恢宏的一场梦。

在俄罗斯传统文化中，白色象征着高贵，这一文化意义源自太阳，与白天的意象相关。在俄罗斯人眼中，昼是白色的，白天给人带来的是光亮、温暖、喜悦和生的希望，因此白色具备高贵、善良、理想、真理等象征意义。拉开本届冬奥会开幕式序幕的小女孩柳波芙与表演《战争与和平》芭蕾舞选段的女主娜塔莎都身着一袭白裙。同为表演服装，小女孩的白裙为了配合高空表演需要，在裙摆内加装了安全措施，白裙款式的选择也趋于简洁可爱，用以匹配她的角色定位。而娜塔莎的服装则以芭蕾舞呈现的舞台效果为主要选择导向，根据《战争与和平》的历史背景选择了帝政风格的长裙，拉高至胸的腰线别具特点，显尽女性柔美，款式大方简约。当芭蕾舞演员旋转之时，柔软的绸缎用料随之翻腾，在本届冬奥会开幕式会场上飘逸飞舞，俄罗斯人的深邃浪漫得以淋漓尽致地展现。

尽管在五环展示环节，一朵雪绒花出现故障没能成功绽开，但在闭幕式上，主办方用一种艺术表演的形式填补了这个缺憾，让本届冬奥会圆满落下帷幕。

三、颁奖礼服上的俄罗斯文化

本届冬奥会服装的设计亮点之一在于核心图形的大量运用，服装上鲜明的图案设计充分展现了该届冬奥会的设计理念。设计师选择将不同的俄罗斯传统图案、装饰品和工艺品元素结合的拼布棉被（patchwork quilt）作为 2014 年索契冬奥会的核心图形，象征俄罗斯作为地球上陆地面积最大的国家，有着丰富的人文、地理和社会多样性。

从整体上看，本届冬奥会的核心图形为平行四边形几何图案与色彩的组合搭配，中心的白色四边形内部正是本届冬奥会的会徽、奥运五环和功能性标语。画面主体由大小不一的平行四边形拼接组成，这种视觉表现形式源自俄罗斯传统的拼布棉被，这是一种融合了鲜明色彩和花纹拼布的缝缀图案。而核心图形的设计又在这些平行四边形中增添了华丽的图案，色彩也更加跃动。

2014 年索契冬奥会的视觉设计是人文精神设计的一种自然延续，核心图形集中展现了十几种俄罗斯最知名的传统艺术与手工艺品，其中包括格舍尔陶艺、霍赫洛马装饰画、佐斯托沃装饰画、帕列赫细密画、巴甫洛夫波萨德头巾、沃洛格达花边、库班绣、雅库特图案、北德文斯克画、梅岑斯克画、木雕和俄罗斯细棉布等，这些图案都被错落有致地嵌入拼布棉被的抽象结构中，传统的拼贴与艺术在现代图案设计中重焕光彩。

　　本届冬奥会颁奖服装共有三款。其中，运动员与嘉宾的引导员的服装为同款，托盘员服装则分为室内、室外两款，服装上均大量出现本届冬奥会的核心图形设计，使本届仪式庆典服装既能保证功能与身份的区分度，又能在视觉效果上和谐统一。

图4-22　索契引导员服装

　　引导员服装的上衣为中长款立领藏青色羽绒服（如图4-22），羽绒面料使用交叉格纹缝制，在领口、前门襟和下边缘处装饰有以本届冬奥会核心图形为设计元素的拼贴图案，并搭配白色系的裤子、长筒靴和手套。整套服装造型采用合体的剪裁方式，力求在保暖的同时兼顾舒适性，深蓝与白色的服装配色极为契合冰雪运动的主题。

　　托盘员服装则分为室内和室外两款（如图4-23），在裙长和袖子印花上有所不同。托盘员上身穿着翻领短羽绒服，翻领、前门襟与底边均使用毛绒面料的设计。总体上，两款羽绒服上衣均使用大面积核心图形，区别在于室内款袖子是白色，而室外款的袖子有印花。托盘员下身穿着的裙装与引导员服装同色，下摆边缘处装饰有一圈条状的核心图形印花。此外，该裙装根据所处环境的不同也会有所变化，室外托盘员裙长过膝，室内则为膝盖以上。

　　俄罗斯著名作家契诃夫形容"冰雪是俄罗斯的血液"，在俄罗斯的诗歌、散文和小说里也不乏对雪的吟诵。一提起俄罗斯，人们总会联想起披着皑皑白雪的大地，正如俄罗斯的民歌《三套车》中唱到的那样，"冰

图 4-23　索契室内、室外托盘员服装

雪覆盖着伏尔加河，冰河上跑着三套车"。由于常年与冰雪相伴，俄罗斯的历史、文化和风俗都与冰雪紧密相连，形成了独特的冰雪文化。

　　冰雪在俄罗斯文化中具有极为重要的地位，是与整个国家和民族息息相关的文化表达。除了冰灯雪雕、雪服雪橇等物质文化，还包括了以冰雪为主题的绘画、文学、歌舞等精神文化。在这样的文化背景下，本届冬奥会开闭幕式对冰雪元素的运用可谓极致，俄罗斯传统冰雪故事中"雪姑娘"的形象也贯穿本届冬奥会的各个方面。除了开幕式中的举牌礼仪人员，这一形象在颁奖仪式服装的造型设计里也有所体现。

　　在本届冬奥会中，引导员与托盘员均头戴传统波雅卡帽（boyarka hat）。波雅卡帽是 15—17 世纪时期俄罗斯贵族戴的一种皮草帽，这在当时属于贵族社会地位的象征。波雅卡帽越高表示其佩戴者的身份地位越高。波雅卡帽由帽围和帽身组成，帽围是沿着整个头部圆周延伸的宽毛皮条，帽身则是覆盖头顶的帽子，还有一层厚实的衬里用来保暖。帽身呈圆柱形，上部较宽，面料主要采用天鹅绒或织锦，装饰元素主要为狐皮或貂皮。这款俄罗斯传统的头饰拥有相当悠久的历史，俄罗斯传统冰雪故事中雪姑娘所佩戴的帽子就常被描绘成这种样式。颁奖仪式的帽围使用了白色毛绒面料，帽身则有核心图形印花，配饰的统一使用大大提升了三套颁奖仪式服装的系列性。

　　除了颁奖仪式服装，核心图形也被运用在了由博斯克设计的志愿者制服上。本届冬奥会的色彩系统为核心图形赋予了渐变式的红、黄、绿、蓝四种配色，渐变过渡与图案中的细节完美融合，使四种配色分则自成一体，合则如彩虹绚烂。颁奖仪式服装采用的是蓝色的配色方案，志愿者系列制服则采用了全色系，多彩的拼布印在制服下摆，上半部分设计成插肩袖的款式，使服装更加贴体。志愿者服装整体仍然选用了制服的式样，靓丽的色彩点亮了本届冬奥会的志愿工作，核心图形的运用也将本届冬奥会的服装紧密相连。

　　本届冬奥会的服装设计均使用了大量冰雪元素，蓝白配色不仅是冬季的印象色彩，也是俄罗斯国旗配色的视觉延展。俄罗斯多地雪季漫长，冰雪已经成为历史文化中密不可分的深刻烙印，雪姑娘的形象及其文化内涵就反映了冰雪对俄罗斯人及其传统文化的影响，核心图形的分布运用则是将本届冬奥会服装推至系统设计的典范，从系统化设计中迸发出俄罗斯优秀传统文化的辉光将本届冬奥会的服装与文化传播的愿景紧紧系于一处。

　　索契冬奥会的举办推动了该地作为海滨度假胜地的建设进程。背倚山脉、面朝黑海，沿海和山区的旅游业并线发展，为该地区的经济发展和城市建设提供了绝佳机会。乘着冬奥会举办的东风，俄罗斯政府大力改善、发展了索契及周边城市的交通系统，包括港口、机场和火车线路。在基础设施规划中，该地区的能源供应也得到了极大改善。

　　冬奥会的举办也促进了体育与教育的发展。早在 2009 年，俄罗斯就成立了国际奥林匹克大学，每年为 1000 多人提供各种课程的培训，其中包括来自俄罗斯近 80 个地区的地方当局和体育组织的代表。在冬奥会结束后，索契奥林匹克公园的三个场馆被重新设计为教育学院，为俄罗斯儿童提供高等教育，以进一步发展他们的独特才能。学校推行健康的生活方式，并鼓励儿童进行体育锻炼。2016 年，42.6% 的索契市民定期参加体育活动，比奥运会前增加了 35.7%。[1]

────────────

[1]　"Sport in Schools", 4 November 2019, https://olympics.com/ioc/news/sport-in-schools.

第五章　冬奥服装设计的创新与超越

　　冬奥会服装设计在全球体育盛事中扮演着重要角色，其创新性不仅展示了主办国的独特文化，还体现了技术进步与奥运精神的深刻契合。奥运服装是民族性和国际化的结合，民族传统的国际转化离不开设计的创新。主办国通过颁奖服装的创新设计，既展示独特的民族特色，又在全球化背景下实现与其他文化的对话和交流。

　　设计创新与技术进步相辅相成。现代服装设计中的高科技材料和先进的制造技术，为冬奥会服装提供了更多可能性。技术进步与设计创新的结合，不仅提升了服装的美观度和功能性，也为观众带来了更好的视觉体验。

　　创新与奥运精神相契合，都是对于不断超越的追求。运动中追求更高、更快、更强，而在设计中追求的是对于前人经典的不断吸收、集成基础上的创新。冬奥服装设计的创新性，既是对传统文化的国际化发展，也是技术进步的产物和要求，更是对奥运精神的契合与表达。这种多层次的创新，不仅丰富了冬奥会的文化内涵，也为全球观众带来了视觉和精神上的双重享受。通过不断地设计创新，冬奥服装成为展示主办国形象的重要载体，也成为引领未来服装设计潮流的重要力量。

第一节　札幌的简约时尚

　　札幌冬奥会的服装设计以创新性和现代化风格为特点，深刻体现了札幌独特的文化观念和技术进步。开闭幕式服装以浅蓝色和白色为主，契合"冰雪"主题，颁奖服装以白色象征纯洁与神圣，呼应日本传统文化。设计不仅注重实用性和功能性，采用现代纺织技术和高科技材料，还融合了 20 世纪 70 年代时尚元素，展示了札幌的现代化发展和设计创新。这种设计不仅保留了传统文化的精髓，还通过创新设计语言使其更具国际化的吸引力，充分展示了札幌在全球舞台上的独特风采和不断追求进步的精神。

一、亚洲的首届冬奥会

1972 年 2 月 3 日至 13 日，第 11 届札幌冬奥会在日本北海道札幌市举行。不同于往届选址，这是冬奥会首次在亚洲举行，也意味着冬奥会向着更加国际化的方向发展，札幌自此一跃成为全球性的滑雪胜地。与欧美国家相比，日本虽然并非冰雪运动强国，但札幌在竞选时通过提出"环境友好"理念击败了加拿大的班夫、芬兰的拉蒂和美国的盐湖城等一众城市获选。在竞选过程中，日本着重强调了生态保护，表示要最大限度地实现环境保护与区域发展的双赢——札幌冬奥会将所有的比赛场地设置在距奥运村 35 千米的范围内，节约了大量成本；一些雪上项目场地赛后重新种植了树木，恢复了生态。

北海道是日本群岛中最北边的岛屿，札幌位于北海道岛的西部。一百年来，它由一个村落变成日本的第八大城市，人口超过百万，成为以雪而著称的国际性旅游城市。冰雪文化、地理环境和气候环境为冬奥会的举办提供了良好的条件。札幌雪祭 ① 是札幌市的传统节日，也可称"札幌冰雪节"，冰晶雪花的形状是北海道的象征。位于市中心的大通公园是每年札幌雪祭的举办场地，这里随处可见银桦树、云杉和庄严的白色冷杉树。"冰雪"成为这座城市的代名词。札幌旅游业的兴盛促进了当地商业和服务业的发展，同时也推动札幌成为日本冰雪运动的中心之一。

为了举办冬奥会，札幌进行了大量基础设施的建设，开展了广泛的冰雪运动，并成为在全世界中推广滑雪运动的典范。冬奥会的东道主为

---

① 日本北海道札幌市的传统节日。始于 1950 年，在每年最冷、雪最多的 2 月的第一个星期举行，为期 5 天。札幌冰雪节与哈尔滨冰雪节、加拿大魁北克冬季狂欢节和挪威奥斯陆滑雪节并称为"世界四大冰雪节"。

了运动员们有更好的专业比赛场地，专门修建了一个大型冰场。札幌冬奥组委甚至在山腰中开辟出一块工程浩大的滑雪及雪橇比赛场地，增设相关体育设施。主办城市充分利用了日本电子产品的优势，共有22个系列的400多个检测计算器为赛事提供了有效的体育运动服务，并在一定程度上提高了组织工作的效能。

二、冬奥会上的简约风衣

图5-1　札幌举牌礼仪人员服装

本届冬奥会举牌礼仪人员的服装使用了柔和的浅蓝色，腰部盈盈一束，呈现出短裙般轻快飘逸的下摆，服装造型简约美观（如图5-1）。在细节处理上，领口为圆领设计，领口和袖口装饰有一圈白色短绒毛，起到保暖作用的同时，使整套服装的设计风格也更为活泼可爱。下装则为一条浅蓝色直筒裤和一双白色的平底鞋，浅蓝色与白色的搭配完美融合，十分契合札幌冬奥会的"冰雪"主题。

与8年前日本东京所举办的1964年东京夏奥会相一致，日本组织了大型的火炬接力活动。本届冬奥会在1971年12月28日希腊的奥林匹亚圣地点燃火炬之火，途经雅典后空运传至日本本土。1971年12月30日，火炬抵达日本冲绳岛，并于次年元旦抵达东京。日本奥组委组织了1.5万名年龄在11—20岁的青少年进行了声势浩大的火炬接力庆典。

参与活动的青少年们身着拼色翻领的运动服上衣，正面是干净纯洁的白色，背面则是稳重内敛的藏青色，下身为黑色收腿运动裤，简约时尚又便于活动。孩子们佩戴着白色帽子和手套，朝气蓬勃，手持奥运五环旗帜和火炬奔跑在札幌的街道上。

在1972年2月3日的开幕式上，一位名叫高田秀喜的学生点燃了大会圣火，日本昭和天皇随后宣布冬奥会正式开幕，只见他头戴毛皮帽子，身着深色毛领双排扣呢绒大衣，威严而庄重。双排扣呢绒大衣最早出现在18世纪初的英国海军中，自19世纪开始被美国海军使用。此后，双排扣大衣从军人专属服制转变为人们日常着装，保暖又不失美观大气。

札幌冬奥会的颁奖服装主体色选取了白色，纯洁的白代表了冰与雪，在不同国家、不同场合也有着不一样的寓意。在日本，白色被看作具有"神"性的色彩，它象征神圣与光明，是精神和身体纯洁的象征。古代日本天皇穿着白色衣服参加神道的主要仪式，传统神道婚礼的新娘礼服和头巾也是白色的。到明治时期，日本向西方学习，社会习俗观念也受到西方思想的影响，日本民众开始在日常生活中穿白色衣服，但在重大而特殊的仪式中，白色服装仍然保有崇高的地位。对主办国来说，本届冬奥会服装以白色为主体色，也展现了在文化层面上对冬奥会仪式性活动的重视。

本届冬奥会的服装设计主打运动风格，既贴合冬奥会本身的运动属性，也是奥运服装在仪式庆典上的全新尝试。嘉宾引导员的服装是男女同款的中长外套，保暖且轻便，腰带收紧衬托出高挑的身姿，肩部横条纹的经典设计如今看来依旧十分时尚。整套服装既具有中性造型，还方便日常行动，更引人注目。20世纪70年代的街头巷尾，不同颜色、各种材质的束腰风衣被人们广泛穿着（如图5-2），搭配上帽子、围巾等保暖的时尚单品，渗透出时代独有的优雅与随性。当时的秋冬高级成衣秀与时装杂志中经常可见这样的风衣设计，即使现在，翻领束腰风衣也并未过时，它仍然是女性秋冬时装中不可或缺的款式。

20世纪60年代，日本纺织工业进入了高速发展期。大规模的自动纺纱机和现代化针织厂建成并投入使用，这些日本纺织技术被应用于札幌冬奥会的服装制作。从客观角度而言，工业化的生产模式对服装造型和款式有着一定影响。因此，颁奖服装一方面具备了西式服装的形制，另一方面则采用日本本土的纺织技术，成为日本冬季运动服装中现代时尚的典范。

图 5-2　束腰风衣款式

　　托盘员服装（如图 5-3）的款式则是 20 世纪六七十年代流行的冬季大衣，造型利落简洁，在颜色选择上仍然沿用白色，呼应了札幌冬奥会"冰雪"的主题。在细节上，领口设计为翻领，是具有时代特色的收腰款式，宽腰带系于腰间。具有造型感的阔形风衣下摆，更在美感之余增添了轻快、柔和的动感。

图 5-3　札幌托盘员服装

三、服装标识性与功能性的统一

本届冬奥会服装还未将礼仪服装和制服区分开来，志愿者的服装与嘉宾引导员共用同一款式，且男女造型相似（如图5-4）。设计重点集中在胸前和手臂部分，有两条彩色条纹从前至后连接胸前和手臂两侧。这款制服的设计主要借助颜色作出了区分，五个色系分别应用在不同比赛项目上；其中，绿色应用于雪上项目，蓝色应用于冰上项目，红色应用于冬季两项①，黑色应用于有舵雪橇赛，驼色运用于轻型雪橇赛。在这一层面上，札幌冬奥会服装借鉴了奥林匹克标志中五种颜色的文化属性和含义，代表着五大洲的团结，以及全世界运动员以公正、坦率的比赛和友好的精神在札幌冬奥会上展开竞技，充分体现了奥林匹克精神。此外，与服装配套的配饰还有白色的针织帽、手套和鞋子，颜色的条纹与运动裤的设计既区分了服装不同的应用场合，又使整体造型更为统一，设计的美感与功能性达成了平衡。

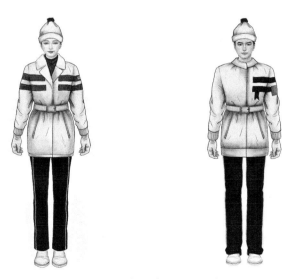

图5-4　札幌嘉宾引导员服装

----

① 冬季两项指越野滑雪与射击。

20 世纪 60 年代后，欧美地区流行服装崇尚合理性和机能性，"反传统、反体制"的思想盛行于年轻人之中，轻盈便捷的服装款式风靡全球。受服装流行趋势的影响，也出于对冬奥会服装一贯保暖性需求的考虑，此届颁奖服装的形制一改此前东京夏奥会中所使用的日本和服造型，开始大胆创新，使日本以一种更为现代化的服装样貌立于世界面前。

1964 年的东京夏奥会对札幌冬奥会的影响非常直观，我们能从札幌冬奥会仪式服装简约的设计理念、符号化的图形设计中窥见东京夏奥会的余晖。1964 年的东京夏奥会无疑是日本的举国盛事，它的设计理念作为一种奥运文化遗产，对日本社会、生活方式都有一定的影响力。札幌冬奥会的设计既是借鉴，也是对东京夏奥会的致敬。但在总体设计中，它仍然着重凸显札幌这座城市本身的特点，以札幌的代表性元素"雪"作为设计的发散点，"雪"不同的姿态与设计被运用在开幕式服装、颁奖服装、冬奥会奖牌、会徽设计等载体与场景中，奠定了本届冬奥会服装冰雪般纯净且现代的整体感受。

日本 20 世纪六七十年代经济的高速发展，为举办夏奥会和冬奥会提供了强大的物质基础。随着日本经济的繁荣，人们的生活水平和民族自信心也得到了极大提升，而夏奥会和冬奥会的成功举办进一步提升了日本的国际影响力。实际上，札幌于 1935 年曾向国际奥委会提出过申办1940 年冬奥会的报告，可以说日本人民对冬奥会期待已久。第二次世界大战结束后，随着日本经济的恢复和发展，1972 年冬奥会的主办地才花落札幌。事实上，国际奥委会选定札幌举办冬奥会契合奥林匹克运动精神。奥运会固然需要运动员相互竞技，争夺金牌，而宣传奥林匹克思想、促进体育运动的广泛开展也是冬奥会愿景之一。虽然当时日本缺乏国际性赛事筹备的经验，但是 1964 年东京夏奥会的举办极大地鼓舞了日本民众的民族自豪感，同时为随即到来的冬奥会等国际性活动提供了丰富的筹备经验。

在本届冬奥会中，主办国设计了多款冬奥服装，从开幕式的举牌礼仪人员到嘉宾引导员与托盘员，再到冬奥会志愿者，每一套冬奥服装都经过了精心设计，无论从细节还是整体廓形都牢牢抓住札幌冬奥会的主题，使得冰雪的形象深入人心。札幌冬奥会的服装并未采用本民族传统服装元素，而是选择了结合当时的时装流行趋势，通过一系列具有现代风格的服装设计和工业产品设计，向世界传递出日本现代化发展的国家形象。

第二节　普莱西德湖的套装制服

　　第 13 届普莱西德湖冬奥会在美国纽约州的普莱西德湖村举行，这是该地区第二次承办冬奥会。本届冬奥会选址于自然环境优越的阿迪朗达克山脉，由于面临雪旱挑战，主办方历史上首次使用了大规模的造雪技术，保障了比赛的顺利进行。普莱西德湖冬奥会不仅展示了现代化和统一的服装设计，还通过完善的基础设施和严谨的筹备工作，推动了当地经济和旅游业的发展，留下了丰富的冬奥遗产，彰显了奥林匹克精神的持续影响。

一、冬奥带动小镇发展

　　1980 年 2 月 13 日至 24 日举行的第 13 届普莱西德湖冬奥会是美国举办的第三次冬奥会，也是普莱西德湖举办的第二届冬奥会。普莱西德湖地处美国东北部，是纽约州埃塞克斯县的一个村庄，坐落于阿迪朗达克山脉之中，背倚山峦，地势偏僻，严冬时节气候寒冷干燥，是开展冬季运动十分理想的场所。

　　总览美国迄今为止主办过的冬奥会，选址方向与主办夏季奥林匹克运动会的思路大相径庭。美国主办的四届夏奥会都选择了如洛杉矶、圣路易斯、亚特兰大等交汇四方的大型现代都市，冬奥会反而着眼于如普莱西德湖、斯阔谷这样坐落于山水风光间的城镇，这跟早期冬奥会对自然地理环境的依赖脱不了干系。由于技术限制，早期的冬奥会为开展高山滑雪项目，首要选址条件便是天然的高山滑雪场地，普莱西德湖背靠阿迪朗达克山脉，气候条件适宜冬季运动，天然具有承办冬奥会的优势。另外，美国对冬奥会一直怀有推动城市发展的愿景，例如提高举办地的旅游知名度、带动城市经济发展等，斯阔谷和普莱西德湖都以畜牧业为主，承办面向世界的冬奥会能够有效提高当地的对外出口量，对城市经济支柱产业的转型也有促进作用。如此一来，普莱西德湖就在这样多方因素的影响下，再次承办了冬奥会，也成为美国主办冬奥会的代表性城市。

尽管普莱西德湖因其优越的自然地理与气候条件，被认为是美国东部最适合举办冬奥会的地区，但在该届冬奥会举办期间，当地出现雪旱。为保证所有比赛都能够在良好的赛场条件下进行，本届冬奥会启用了大批造雪机，投入赛场用雪的制造工程中，这也是冬奥会历史上首次使用造雪机造雪。

自 1932 年普莱西德湖冬奥会以来，普莱西德湖这个只有几千个居民的山间小镇成了美国冬季运动的训练中心。40 多年过去了，原有的设施已很难适应再度承办冬奥会的需求。因此，当冬奥会承办权花落普莱西德湖后，当地冬奥组委于 1977 年开始大兴土木，他们新建了一座奥林匹克村，改建了一个能同时容纳 8000 名观众观赛的滑冰场，修建了两座滑雪跳台以及雪橇滑道。基础设施的大幅升级为运动员们提供了良好的比赛环境，也让世界重新看见了这座与冬奥会脉搏共振的山间小镇。

二、现代仪式与简洁设计

本届冬奥会于 1980 年 2 月 13 日正式开幕，早在前一日，第 13 届冬奥会中国代表团派出 28 名运动员参加本次冬奥会，这也是国际奥委会自 1979 年 11 月恢复中国奥委会合法地位后，中国首次派队出席冬奥会。

入场式中，中国运动员们身着藏蓝色运动服套装，上衣的蓝色拼接条纹从胸部连接到手臂内侧，下身为略显修身的微喇黑色运动裤，搭配白色针织帽和亚瑟士品牌的运动鞋（如图5-5），整体造型简约时尚又富有运动气息，这是中国历史上首次出征冬奥会，开启了中国运

图 5-5　中国代表团的服装

动健儿征战冰雪赛场的新篇章，意义非凡。

此次入场式的一大亮点无疑是一身洁白的举牌礼仪人员服装（如图5-6）。这些举牌礼仪人员身穿同一款式的礼仪服装，衣身左胸口处有两条从肩部延展下来的蓝色饰边，连接着本届冬奥会会徽，蓝白配色呼应冰雪，整体设计简洁和谐。服装款式为"H"形运动服，设计独特的宽大圆领在保暖之余更凸显举牌引导员的活力气质。与运动服搭配的还有同色系直筒裤、针织帽和运动鞋。身着白色套装的举牌礼仪人员手执各色国旗，行走在本届冬奥会开幕式的雪地中，给人以简约纯净的视觉享受。

图 5-6　普莱西德湖举牌礼仪人员服装

三、颁奖服装与 20 世纪 80 年代的时尚

风衣一直都是时尚界广受欢迎的春秋季单品（如图5-7）。20 世纪七八十年代初，在宽松式的穿衣风格流行数年后，时装界掀起了一场复古风潮，此前四五十年代的样式重新被人们拾起并加以发展。尤其是在美国，男装和女装都呈现出回归传统的趋势，"流行从离体的非构筑式向合体的构筑式复归，尊重传统的古典主义首先在保守的高级时装设计师的高级成衣中抬头"[1]。时装种类重新聚焦于大衣、套装以及一些造型感强的连衣裙款式，这也影响了本届冬奥会的服装设计。

本届冬奥会部分颁奖场

图 5-7　女式风衣的常见款式

---

① 李当岐编著：《西洋服装史》，高等教育出版社 2005 年版，第 376 页。

图 5-8　普莱西德湖颁奖服装

地被安排在了室内，颁奖服装的设计重点由服装的保暖性能转变为礼仪性与美观性。本届冬奥会共有三款颁奖服装，第一款为红色风衣制服，第二款为红色西服套裙（如图 5-8）。本届冬奥会中出现的红色风衣制服并没有使用夸张的造型，而是在制服大衣的基础结构上选择了更为保守和正式的合体款式，由于添加了金属纽扣、肩章等元素，更加强了仪式性服装的庄重感。

第一款颁奖服装的红色风衣制服与开幕式中列队欢迎来宾的礼仪人员制服为相同款式，上半身添加了省道结构进行收腰造型，腰部分别有两个贴袋，胸前亦有两个对称挖袋，山形的袋盖及门襟处点缀了金色纽扣，肩部搭配了肩章，裙摆呈"A"字形，且裙长过膝。第一、二款颁奖服装都配备了同色系的帽子和手套，服装整体仪式感极强，礼仪人员优雅挺拔的身姿在红色制服的衬托下，犹如亭亭玉立的红莲，成为本届冬奥会一道亮眼的风景线。第三款颁奖服装是一套西服套裙（如图 5-9），上身是一件深色双排扣西服外套，搭配米白色打底衣，下装配以米白色及膝百褶裙。这套颁奖仪式服装的廓形来源于 20 世纪七八十年代女性的工作制服。随着职业女性在社会各领域中不断取得亮眼的成绩，女性的地位逐渐提升，具有力量感的宽肩式套装（power suit）也随之流行开来。女性愈发喜爱各式各样的西服套装，涌现了许多半

图 5-9　普莱西德湖的深色西服套裙颁奖服装

裙与西装搭配的经典时尚造型，西装制服搭配正装裤或是长度过膝的裙子，在当时也是较为常见的女性工作造型。

本届冬奥会颁奖仪式具有流程化、现代化的风格特点，同一场颁奖仪式中，嘉宾引导员与托盘员会身着相同的颁奖仪式服装，营造出极强的仪式序列感。颁奖服装都选取了十分具有时代特色的服装种类，充分反映出当时社会的时尚流行趋势。随着颁奖仪式流程的完善，服装的礼仪性也得以进一步突出，本届冬奥会的颁奖仪式更向世界展现了美国独特的现代化气息。

本届冬奥会的后勤工作人员也拥有专属的志愿者服装。该套服装主体为蓝色，里衬为黄色，衣身左胸口处有两条黄色饰边连接本届冬奥会会徽，服装款式为"H"形运动服。与运动服搭配的还有同色系背带运动裤、棒球帽、棉靴和黄色高领打底衣，整体造型活力满满，与冬奥会的竞赛精神不谋而合。

志愿者服装与开幕式中的举牌礼仪人员服装款式相同，只在颜色上有所区分，亚瑟士公司为本届冬奥会设计的套装带动了冬季运动服装和装备的市场发展。"ASICS"译自拉丁语格言"anima sana in corpore sano"，意为"健全的精神寓于强健的体魄"，其产品代表着日本精致、专业的传统文化。该品牌坚持高科技、高品质的标准，研发了多项专利，将防止穿着者受伤与运动乐趣相结合，奠定了全球第五大运动品牌的地位，亚瑟士减震胶是其最具代表性的成果之一，也是其跑鞋产品线核心的技术。在多年收集顶级运动员的穿着反馈后，亚瑟士公司也推出了专业的运动鞋系列，旨在为运动员们提供更舒适、更安全的运动体验。

1980年是普莱西德湖第二次举办冬奥会，与1932年初次主办的冬奥会相比，本届冬奥会准备得更加完善，在设计上呈现了统一的规划和设计风格，从仪式上看也具有了完备的冬奥会仪式活动。在仪式庆典服装方面，本届冬奥会与1972年札幌冬奥会在设计方法上可谓一脉相承，既跟随了当时的流行趋势，又将女士西服套装与运动文化进行结合设计，保证仪式规范性的同时也用设计消除了套装制服的古板气息，进而实现了时装与制式套装的完美融合。此届颁奖服套装的回归影响深远，1988

年卡尔加里冬奥会和 1992 年阿尔贝维尔冬奥会的嘉宾引导员服装也沿用了类似的设计，让制式套装逐步成为仪式庆典服装中的经典。

本届冬奥会的成功举办使普莱西德湖的冰雪设施规模和地方影响力大大提升，这座曾经的山地小镇也形成了独具一格的地方特色，成为世界热门的冰雪运动小镇。基础设施的完善，再加上国家力量的参与，两届冬奥会持续带动了普莱西德湖的经济发展和基础设施建设，对环境亦有改善，还激发了人们参与体育活动的积极性。回看普莱西德湖两届冬奥会的筹办过程，它的影响远不止赛事本身，更留下了城市更新、冰雪运动普及发展、奥运场馆、环境保护等丰厚的冬奥遗产，奥林匹克精神就这样潜移默化地融入了普莱西德湖的发展当中。普莱西德湖奥组委在多年后为本届冬奥会举办了"Totally 80"展览，通过展示本届冬奥会仪式庆典服装、志愿者服装、冬奥会纪念物资和冬奥会比赛录影等来纪念本届冬奥会。

第三节　萨拉热窝的融合创新

萨拉热窝冬奥会在南斯拉夫的萨拉热窝举行，这是冬奥会首次在社会主义国家举办，凸显了地缘政治的特殊性和重大意义。作为多民族共存的文化枢纽，萨拉热窝冬奥会服饰展示了南斯拉夫的多元文化和民族特色，彰显了当地的民族风情和时尚潮流。本届冬奥会不仅促进了萨拉热窝的基础设施建设和经济发展，也在"冷战"时期为世界传递了对和平与团结的向往。

一、多元交融的南斯拉夫冬奥会

1984 年 2 月 8 日至 19 日，第 14 届萨拉热窝冬奥会在南斯拉夫的萨拉热窝举行。在此次冬奥会主办城市的角逐中，萨拉热窝在与日本札幌、瑞典法伦 – 哥德堡的竞争中胜出，获得了第 14 届冬奥会的举办权。可以说，南斯拉夫国民对这次冬奥会非常重视，完全称得上是举国办奥，他们已做好准备以极大的热情来迎接世界各国赴会，当时没有任何人预料到，几年后，这座美丽的城市会陷入战争的火海中。

　　萨拉热窝始建于 1263 年，是现今波斯尼亚和黑塞哥维那以及南斯拉夫的首都，也是该国的经济与文化中心。城周山峦起伏，积雪时间长达半年，有时虽是 5 月时令，山上仍有雪花飞飘，优越的地理条件赋予了这座城市天然的冰雪运动环境。萨拉热窝也是多民族共存与文化交流的枢纽，这里汇聚着五大民族——塞尔维亚人、克罗地亚人、斯洛文尼亚人、马其顿人和黑山人，多元文化的氛围成为本届冬奥会的特点之一。值得纪念的是，这是历史上第一届有非裔美国选手参加的冬奥会。

　　在"冷战"的国际局势下，奥运会的举办不可避免地受到政治因素的影响。在"冷战"中保持中立的南斯拉夫承办了 1984 年冬奥会，使举办地萨拉热窝在冬奥会期间成为世界的焦点。彼时的萨拉热窝经济发达，国民生活水准可与西欧相媲美，为筹备本届冬奥会，南斯拉夫从 1980 年开始先后改建了两个体育中心，修建了 5 处滑雪场和雪橇场地以及 2 个奥运村，总耗资达 1.4 亿美元。为预防雪量不足，大会还专门设计了一种"雪炮"，以便进行人工造雪。①

二、开幕式服装的未来主义风格

　　本届冬奥会的举牌礼仪人员服装设计十分新颖（如图 5-10），浅灰色平领无袖外套的阔肩设计强调了人体肩部的轮廓，与前中至两侧收束成盾形的下摆相互呼应，整体呈沙漏形，赋予人体极强的力量感，内搭白色修身上衣，紧密贴合手臂线条，另配纯白手套。下身为贴体的白色紧身裤，脚蹬白靴，手套与靴子边缘都有凸条设计，分割了手臂与腿部线条。白色发带束在额间，造型整体富有节奏感，灰白的主色调令人联想到宇航服造型，对机能感与未来感的塑造都十分成功，成为本届冬奥会开幕式上的亮点之一。这种极具科技风的设计反映了当时社会的科技热，人们对科技进步的关注与追求也深深影响了本届冬奥会的服装设计。

---

　　① 《南斯拉夫：奥运见证"巴尔干之虎"的崛起和隐没》，《文明》2022 年第 Z2 期。

图 5-10　萨拉热窝举牌礼仪人员服装

　　本届冬奥会开幕式中，护旗手服装与举牌礼仪人员服装在设计风格上一脉相承。护旗手统一由男性担任，他们的服装相较举牌礼仪人员体量更加庞大，给人以直观的力量感。立领宽肩的白色外套在腰部收束，形成一个倒梯形，凸显了护旗手强健的体魄，内搭的上衣手臂神似米其林轮胎的卡通人物造型。下身为机能风的纯白高腰长裤与腰带，手套与靴子使用了举牌礼仪人员同款，通体纯白而不单调，这有赖于服装上造型感极强的肌理设计。总体上，整体造型太空感十足，将会场观众拉入未来与现实相互交错的奇妙观感中。

　　在开幕式上，时任南斯拉夫中央主席团委员的米卡·斯皮利亚克（Mika Spiliak）为冬奥会致辞并宣布开幕，斯皮利亚克主席身穿由日本品牌迪桑特设计的灰色戗驳领羽绒服外套，内搭蓝色衬衫与黑色领带。外翻的戗驳领是酒红色的，在左胸口有一个黑底金色的奥运五环标志，外套肩部与手臂的接缝采用了叠搭设计，时尚之余在视觉上呼应了开幕式中举牌礼仪人员、护旗手的服装。值得一提的是，戗驳领多出现在西服正装之上，是一种极为适配正式庄严场合的服装设计元素，而此次在羽绒服上的运用也让人眼前一亮，有效地中和了羽绒服略显臃肿的穿着效果，在保证保暖性能的同时，也较为符合正式场合的着装规范。

三、颁奖礼服的斯拉夫民族特色

本届冬奥会的托盘员服装分为时装款式和民族款式。出于对 20 世纪 70 年代后期色彩鲜艳的迪斯科时尚的强烈反叛，80 年代初期，时装潮流转向极简主义，服装中的配饰运用相对较少。在同一时期的美国和欧洲，一件服装的实用性就等同于这件服装的美学价值，因此 80 年代初期流行宽松、飘逸的及膝连衣裙，色彩也倾向于柔和、安静的视觉效果。当时并没有固定的连衣裙样式，各式各样的高领或低胸领口、不同的袖长和多种面料材质（棉、丝绸、缎子和涤纶等）也都十分常见。本届冬奥会颁奖服装中的时装款较为简洁干练（如图 5-11），典雅的紫色翻领连衣裙搭配袖长过腕的泡泡袖，显示出一种端庄的高级韵味。穿着者腰处那条同质同色的腰带和谐而不突兀，裙长及膝，脚着长靴，造型大气优雅，简约的设计放到今天也毫不过时，同时也反映了当时东欧地区的时尚发展进程。

图 5-11　萨拉热窝时装款服装

冬奥会颁奖服装的民族款设计主要由巴尔干地区风格的纯白色连衣裙、短夹克、头巾披肩、腰带、长筒羊毛袜和一种叫作奥潘奇（opanci）的特殊凉鞋组成。南斯拉夫社会主义联邦共和国由塞尔维亚、克罗地亚、斯洛文尼亚、波斯尼亚和黑塞哥维那（波黑）、马其顿、黑山6个共和国组成，虽然是多民族共同组成的联邦国家，但是在传统服装上相互影响，具有一定的共通性。这些地区的民族服装有许多类似的穿着习惯、服装款型与制作工艺。例如，本届冬奥会上的纯白连衣裙、衬衫、有华丽刺绣的背心和奥潘奇鞋等，就是受到克罗地亚、斯洛文尼亚、波斯尼亚和黑塞哥维那的民族风格影响，是典型的多民族共存、文化交融的结果。在此基础上演变出三套不同款式的服装（如图5-12）。从左至右第一、二款服装的共同点为褶皱领、丝绸头巾，在头巾、短夹克和腰带上都有精美的刺绣装饰，短夹克为无袖背心款，底边有流苏做装饰，更显灵动精巧，内搭袖长至肘。两款服装区别在于头巾的颜色与穿戴方式，第一款浅色头巾向身前垂盖，长至胸前。第二款深色头巾收拢成一束披于肩后。第三款服装则选用了中长袖短夹克，前襟镶边装饰，内搭圆领连衣裙，颈部还有项链装饰，头戴一顶小圆帽，更显端庄大气。

图5-12　萨拉热窝民族款颁奖服装

　　本届冬奥会颁奖服装的民族款选择了克罗地亚披肩、头巾等，有沿海风格的元素。这些民族服装包括绣有丝绸或蕾丝的宽袖口白色衬衫，不同颜色的褶皱裙子和连衣裙，还有装饰有花卉或动物图案的夹克、围裙、围巾、手帕或披肩。当地居民下装一般穿过膝的袜子和奥潘奇凉鞋。在这一地区，女性还会使用不同颜色的披肩遮盖肩膀，披肩的系法也多种多样，例如披在肩上、系在脖子上、挂在手臂上等。女性也会穿着用金色流苏装饰的衬衫，并使用耳环、项链和发夹来装饰。颁奖仪式服装中的头巾则来自帕格岛（Island of Pag），这种风格起源于 15 世纪，其特点是在衬衫前部和头巾边缘饰以复杂的蕾丝，而这里的蕾丝作品也以精美的做工闻名世界。岛上的女性一般穿着长袖衬衫和大百褶裙，腰部则系有红色丝巾。

萨拉热窝冬奥会的颁奖服装款式较为多样，展现了南斯拉夫地区当时的时尚风格和不同民族的传统服饰，在时尚表达与传统展示两个分支的表现都令人大饱眼福，而开闭幕式中的服装无论从时尚感还是艺术表达上来说都极具突破与创新。时装款较好地反映了当时世界的时尚潮流，而在传统服装方面，本届冬奥会运用了克罗地亚、塞尔维亚与波斯尼亚三大民族的风格，向世界展示了南斯拉夫的多元文化。

冬奥会后，萨拉热窝当地冰雪运动蓬勃发展。1984—1988 年期间，当地冬季运动参与率显著上升。在闭幕式上，时任国际奥委会主席的萨马兰奇对萨拉热窝所作的杰出贡献予以高度评价，称萨拉热窝冬奥会是"冬奥会 60 年历史上开得最好、最精彩的一届！"事实上，冬奥会为这座城市的发展的确也作出了巨大贡献，不仅提升了居民的自豪感，还助推了整个波斯尼亚和黑塞哥维那地区的现代化进程。

在冬奥会遗产留存方面，萨拉热窝借助冬奥会的投资翻修了部分城市基础设施，包括公路、酒店与萨拉热窝机场。在冬奥会之前，萨拉热窝的环境保护项目还着力解决了该市的空气质量、水源净化和供水系统的问题。他们建立起的庞大的地下废水收集系统一直运行至今。

萨拉热窝冬奥会同时也是联结该地人民的精神纽带。即使是在 1994 年的内战期间，萨拉热窝国家剧院依然如期举办了冬奥会十周年纪念音乐展。尽管由于历史原因，南斯拉夫这个国家早已解体，但 1984 年的冬奥会已经成为奥运历史中不可磨灭的重要部分——即使处于美苏"冷战"的大背景下，也没有一个国家因为政治原因而拒绝参加此次奥运会。萨拉热窝将这积极美好的一面留存在了人类的共同记忆中。1992 年爆发的波斯尼亚和黑塞哥维那战争虽然严重破坏了这座城市及其冬奥会设施，但仍有一部分冬奥会建筑成为战时战地记者的防空洞。经过后来的重建和修缮，大部分冬奥遗产再次投入使用，并继续为当地的居民服务。

第四节 温哥华的自然风格

2010 年温哥华冬奥会在加拿大举办，以"用炽热的心"和"辉煌的探险"为口号，展示了加拿大的多元文化和自然风光的独特魅力。本届冬奥会在服装设计方面展现出创新性，冬奥服装融合了加拿大原住民的传统元素与现代时尚风格。礼仪人员的服装运用了流苏、绒毛、布条等民族元素，并在整体造型上注入了鲜明的加拿大文化特色；志愿者服装由哈德逊湾公司（The Hudson's Bay Company，HBC）设计，采用防水面料、反光细节和多功能裤装，适应不同环境需求；颁奖礼仪服装由阿里齐亚（Aritzia）品牌提供，结合了滑雪外套的功能性和时尚元素，以蓝色为主色调，并采用逆戟鲸和渡鸦的抽象动物纹样，以时尚服装的外观体现了北美"第一民族"的文化内涵。温哥华冬奥会不仅增强了加拿大人民的国家自豪感，还推动了当地基础设施建设和旅游业的发展，展示了现代化与文化传承的完美融合。

一、融合自然的冬奥理念

2010 年 2 月 12 日至 28 日，历时 16 天的第 21 届温哥华冬奥会在加拿大温哥华市举办。此次冬奥会设置了 7 个大项、15 个分项、86 个小项比赛，较此前历届冬奥会是设项最多的一届。加拿大是一个移民国家，多元文化是加拿大社会显著特征之一。2005 年 11 月，温哥华冬奥组委和加拿大的克利尔沃特、马斯奎姆、斯阔米什和泰斯雷尔 – 沃土思四个民族部落签订了议定书，共同担任 2010 年冬奥会和冬残奥会的东道主，为成功举办 2010 年冬奥会和残奥会而一同努力。

温哥华位于加拿大不列颠哥伦比亚省的西南部太平洋沿岸，是加拿大的主要港口城市和重要经济中心。温哥华全年气候温和，属于温带海洋性气候，三面环山，东部有绵延的落基山脉，西面直接楔入太平洋，冬季虽然很少下雪，但有较多的降雨量，气候温润而舒适，因此被称为"加拿大雨都"，其优越的地形和气候特征都为举办冬奥会提供了有利条件。

温哥华冬奥会的口号由加拿大英文版国歌中的"用炽热的心"（with glowing hearts）和法文版国歌中的"辉煌的探险"（des plus brilliants exploits）这两句歌词组成。这两句口号与该届冬奥会的愿景"一个更强大的加拿大，为体育、文化和可持续发展的热情振奋精神"（A stronger Canada whose spirit is raised by its passion for sport, culture and sustainability）相契合，表达出加拿大希望通过冬奥会向世界展现本土文化的愿望。该届冬奥会也在加拿大各地向人们普及体育文化，传播奥林匹克精神，并宣传了不论种族全民参奥的理念。

二、多样统一的开幕式服装

加拿大是一个十分多元的国家，共有数十个原住民民族。虽然在开幕式呈现的表演服装各不相同，但像流苏、绒毛、布条、纹样等民族元素都在服装中或多或少地有所体现。因此，整个会场中虽然服装款式各异，却在风格和基调上和谐统一。原住民演员们的舞步也并非整齐划一，只见大家跟随音乐节奏以一种沉浸享受的状态挥手、旋转、跳跃，用最饱满的热情向彼此和观众们致意，洋溢着轻松欢乐的氛围。

开幕式开始之际，先映入眼帘的是加拿大四大部落共有的标志，而在现场参加欢迎仪式的除了有四大部落的人们，加拿大全国各地的原住民青年代表也都聚集在了这里。他们穿着各自地域别具特色的传统民族服饰，跟随着音乐热情奔放地涌入场地之间。从现有的视频资料中可以看到，有的原住民上身着酒红色宽袖小短褂，内搭白色上衣，领口处绣着红色的纹样，在腰间随意地系着一条红白相间的布制腰带。下装着黑色宽松长裙，脚踩棕色软皮制成的鞋子，在脚踝处环绕着一圈绒毛，非常保暖。头上戴着三根挺立着的白色羽毛，固定在脑后的发髻处。外衣的袖口和下摆处都缀着流苏，在青年女孩一蹦一跳地上场时，流苏也一同随着音乐跳跃，构成一幅活泼动感的画面。有的原住民身着姜黄色的马甲、长裤和头巾，内搭草绿色的衬衫。马甲外衣的胸围线一圈及下摆一圈同样附着流苏，从胸口左侧的位置垂着一块很长的红白布条，一直延伸到小腿的位置，跟着原住民少年的动作在空中飞舞摇曳。而裤子的两侧则装饰着宝石蓝色的流苏，颜色上的大胆创新令人眼前一亮。还有的原住民身着白色裙子搭配打底裤，领子处连着后面的甩帽，覆盖在肩膀上面，腰部挂着细绳，整体看上去更有层次感。在上衣袖口处和裙摆处的边缘有一圈蓝紫色的贴边，上面附着精美的纹样，为服装更增添了精致感。毛皮靴子的靴口处有一层紫色绒毛，与上面的贴边相互照应，靴子正面颜色相对较浅，在灯光的照耀下可以隐约看到上面的肌理。

　　本届冬奥会举牌礼仪人员的服装统一为白色羽绒服（如图5-13），但在形制上稍做区分。女款服装为连帽收腰羽绒裙，衣身整体横向压线且压线间隙较窄，肩线较为挺阔合体，纯白简单的配色且没有其他烦琐多余的装饰，十分简洁优雅，和冰雪世界完美相融。男款服装为直筒长款羽绒服，立领，整体横向压线较宽，肩部线条柔和。他们都佩戴白色针织帽、手套，穿白色短靴。礼仪人员服装整体统一简约，兼具现代感和时尚感。

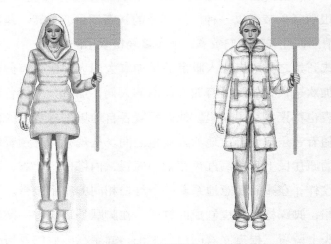

图5-13　温哥华举牌礼仪人员服装

本届冬奥会志愿者服装是由哈德逊湾公司与温哥华冬奥组委合作设计完成的。志愿者服装款式为蓝色夹克，配有连体帽和银色反光的细节装饰。为了适应户外和室内两种环境，志愿者的裤子也分为两款：其中，保暖的"山裤"（mountain pants）由与夹克相同的防水面料制成，相对更加保暖，内衬透气舒适，右腿用反光的银色标有"Vancouver 2010"（温哥华2010）的字样：另一种较为轻便的"城市裤"（city pants）使用抗皱面料，并在右后方口袋处标有"2010"字样。不同的功能性服装可在室内外分别穿着，志愿者服装搭配因此更具备灵活性。

三、自然元素的颁奖礼服

本届的颁奖服装主要由加拿大本土品牌阿里齐亚提供。阿里齐亚品牌面向年轻时尚女性，主打休闲简约的服装风格，产品以针织类服装为主，而它旗下以"Parklife"命名的支线品牌是专为2010年温哥华冬奥会推出的品牌。

本届冬奥会的颁奖礼仪服装共有三款，运动员、嘉宾引导员的服装为相同款式，托盘员服装则分为户外和室内两种。三款服装都包含上衣、滑雪裤和加拿大皇家骑警风格的靴子。服装配色上采用不同层次的蓝色，使本届仪式庆典服装颜色系统形成协调的视觉效果。这些颜色代表着冬奥会主办地区的蓝天、森林和海洋，以展示加拿大西部的自然风光。本届颁奖服装的设计将潮流时装的风格与运动服装的功能性相融合，展现了加拿大独特的运动服装工艺。在纹样方面，衣服上的图案与奖牌图案同为加拿大本土设计师考琳·亨特（Corrine Hunt）所设计，体现出"第一民族"[①]的文化内涵。设计师以原住民所崇拜的两种动物——逆戟鲸与渡鸦作为灵感，创作了两款富有民族特色的抽象动物纹样。逆戟鲸的造型在冬奥会颁奖服装中的应用旨在展现奥林匹克的团结精神；而渡鸦的造型主要应用于残奥会奖牌中，意喻残奥会运动员勇于克服困难、超越逆境的精神。设计师通过独特的线条艺术，展现出了具有传统民族文化

---

① "第一民族"是一个加拿大的种族名称，与印第安人同义，指的是在现今加拿大境内的北美洲原住民及其子孙，但不包括因纽特人和梅蒂斯人。

的图腾纹样。礼仪人员服装同样选取了图腾纹样中的部分图案进行再设计，主要应用于衣身胸前和下摆处。

运动员和嘉宾的引导员的服装是一件大衣（如图5-14）。该服装板型虽然是基础款式，但通过结合运动服的制作工艺，服装最终具备了优越的功能性。这种处理既兼顾了大衣原本的经典大气，又十分便于引导员行动。其中，在服装拼合处通过使用运动服接缝的方式大大提高了服装的延展性。

图5-14　温哥华引导员服装

室内托盘员的服装以一件针织外套为主（如图5-15）。这件双排扣的羊毛绞花针织外衣源于加拿大原住民的编织工艺文化遗产，每件毛衣皆以粗棒针手工编织而成。大衣的编织线以深灰色为主色调，融合了象征天空、森林和海洋的其他色彩加以点缀。颈部配有米色真丝绣花围巾，面料上缝有不同颜色的线，其边缘卷曲磨损的质感与皮质腰带上的浮雕纹样相互呼应，体现了加拿大原住民独特的艺术风格。

户外托盘员服装（如图5-16）以一件茧形派克大衣为主，而大衣廓形的灵感来源正是蚕茧。大衣的衣缘采用了郁金香花式的线条造型，在胸部以下收腰，使"茧"的造型在外观上呈现出更强的雕塑感。在工艺与面料方面，服装使用特殊的连接工艺将深蓝色渐变面料交织构成格纹，包裹式的衣领使茧形大衣整体更具有保暖性。茧形大衣通过传统拉链、再加上尼龙搭扣和两个金属钩固定大衣边缘，加强了服装的包裹感和保暖性。大衣袖子的长度延伸至手臂的四分之三处，与小臂带孔羊毛编织袖相衔接，半袖设计使服装更加灵活。

图 5-15　温哥华室内托盘员服装　　　　图 5-16　温哥华户外托盘员服装

　　该届三套仪式庆典服装所配套的毛衣、裤子及靴子为相同款式。内搭是一款长袖高领针织毛衣，在缝合处运用暗缝针迹①的工艺，同时采用收腰修身设计，右下角设有一个小拉链口袋，背面设有拉链便于穿脱。裤子与毛衣同样为针织裁剪设计，而靴子源自加拿大皇家骑警制服中的"士达孔拿靴"②。在配饰方面，户外托盘员统一佩戴托克帽③。帽子为深蓝色与浅蓝色交织而成的羊毛帽，呈现出一种天空与海洋的流动感。围巾主体色仍为蓝色，浅蓝色叶状织物片点缀在网状结构上，是一种类似于蜘蛛网结构的长方形网眼围巾。

　　①　有时也称为隐形针或滑针，可以使针迹不明显，一般用于运动服缝纫。
　　②　加拿大的皇家骑警是加拿大国家象征之一，西北骑警最初穿着黑色马靴，后来改为棕色的现代靴形，称为"士达孔拿靴"（The Strathcona Boots）。
　　③　托克帽（tuque）一词最初来源于法语，主要指针织帽，在13—16世纪的欧洲很受欢迎，尤其是在法国。这种帽子在20世纪30年代再次流行。这个词在加拿大指的是温暖的传统羊毛针织帽。

温哥华冬奥会官方非常注重对于加拿大多元文化的展示，尤其重视对"第一民族"文化的体现。因此，以其为灵感元素的动物图腾纹样被作为核心图形，并广泛应用于本届冬奥会的各类设计中。除了原住民元素，本届冬奥会服装设计还体现了森林与海洋的元素。这些设计元素与颁奖仪式服装的设计相融合，在之后冬奥物资的设计中同样有所呈现，形成了视觉与风格上的统一。

温哥华冬奥会展现了加拿大的风采，增强了加拿大人的国家自豪感，也为温哥华在国际上赢得了更为广泛的认同。2010 年温哥华冬奥会的影响时间跨度长、影响范围广，并在多维度综合发展。冬奥会的举办不仅缩短了当地基础设施建设的周期，还加速了加拿大各个城市的更新改造进程，更成为促进经济增长转型、产业和社会结构调整、城市竞争力提升、旅游业发展的助推器。

作为温哥华冬奥会的主要比赛场地，惠斯勒的滑雪场在 2010 年之后被各国民众熟知，该基础设施经过升级后，发展成全年性的综合度假胜地，多次被评为"北美第一滑雪胜地"和"最佳度假胜地"。惠斯勒滑雪地装备、滑雪运动服装的销售和租借是惠斯勒的一大收入来源。另外，良好滑雪设施的存在也促进了加拿大对于冬季运动服装的研发和创新，更多抵御严寒、防风防水的功能性运动服装品牌在加拿大接二连三地出现，这进一步巩固了加拿大作为冰雪大国的地位。

第五节　平昌的科技语言

平昌冬奥会开幕式和颁奖仪式的服装融合了韩国传统服饰与现代设计元素，展现了白衣民族的文化内涵和未来科技的结合。引导员服装由本土艺术家琴基淑设计，运用了珠子、水晶和珍珠等材质，呈现出优雅飘逸的效果。颁奖服装结合了韩国传统冬季长袍和现代时尚设计，配以雪花纹样，体现了韩国的民族特色和文化自信。表演服装中融入了 LED 灯等发光材质，充分展示了韩国在技术创新方面的进步。本届冬奥会通过独特的服装设计和尖端技术的应用，不仅展示了韩国的文化魅力，也为未来的奥运会服装设计树立了新的标杆。

一、科技进步中的传统符号

2018 年 2 月 9 日至 25 日，第 23 届平昌冬奥会在韩国平昌郡举行，来自 92 个国家和地区共计 2833 名的运动员参加了本届冬奥会。平昌是韩国江原道下辖的一座城市，位于太白山区，高于城市海拔 750 米以上的山脉占据了其 84% 的土地面积。漫长且降雪量充沛的冬季也赋予了这座城市开展冰雪运动的条件。

国际体育赛事是向世界展现文化、提升国际社会地位的良好契机，1988 年韩国汉城夏奥会极大促进了韩国经济的腾飞和现代化的进程。汉城夏奥会向世界集中展示了韩国的文化软实力，增加了韩国人民的民族自豪感。韩国于 20 世纪 80 年代创造了"汉江奇迹"，国民经济得到了高速发展。在 2000 年后的信息化时代，韩国希望再申办一届冬奥会，以重现 1988 年奥运时代的辉煌。

本届冬奥会主要采用的核心雪花图案由排列设计的朝鲜半岛文字符号所组成，每一组图案皆来源自以朝鲜文写成的关于奥运会的口号，而组成雪花的方式是自中心向外发散的朝鲜文字母。例如"평창동계올림픽"（平昌冬季奥运会）雪花以韩文字母"ㅍ"开头，扩散到最外层的分支以"ㄱ"结束。雪花图案共有 15 组，分别有"平昌冬季奥运会"、"激情与荣耀合二为一"、"节日，空间，快乐"、"和平"、"热情"等意思。

二、开幕服装的艺术语言

在平昌冬奥会开幕式的现场，首先由穿着白色改良款韩服的少男少女挥舞着长长的衣袖，踏着轻盈的舞步翩然入场。接下来，在偌大的场地中，身穿红蓝两色当地服饰的韩国青年组成了韩国国旗上太极图的形状，再加以灯光的即时变幻，十分壮观。在开幕式服装中，白色作为主视觉色调大量出现在不同环节的服装当中。回顾开幕式，韩国代表团入场选择的是白色羽绒服，而韩国国旗入场的护旗队包括入场式引导员，同样身着白色的改良冬季传统服饰。这是因为白色在韩国传统文化中有着深刻的内涵，自古以来，韩国人就被称为"白衣民族"，白色在朝鲜意味着精致、宁静和智慧。在韩国传统色彩的象征意义中，白色象征收获仪式和太阳，对于古代韩国人来说，白色正代表了人类的起点、起源和基础。总之，白色所蕴含的丰富文化内涵与其国民认可度，促使了它在设计中被大量使用。除了白色的主视觉，本届开幕式多用红蓝配色的灯光、服装、道具设计，以体现韩国国旗的主色调。同时为呈现更加宏大壮观的效果，将上述元素大量运用在团体大型表演之中，充分展现了韩国人民的文化自信心和民族凝聚力。

小朋友们身着蓝红两色的韩服进行合唱，女孩穿着红色短袄内搭白色长裙，腰间系有一根黑色腰带，上面装点了红、蓝、黄、白色的图案。男孩为藏青色短袖交领长袍，内搭白色的上衣和裤子，袍上系灰色腰带。两套服装都统一佩戴了韩国的传统冬帽。其边缘通常配有4—7厘米的毛皮，两侧有耳罩覆盖耳朵，并且在后方有一个长长的后盖。外层织物常为黑色，内部则使用黑色、绿色或红色。女性的冬帽有着五颜六色的华丽装饰，上面通常有鹤、蝴蝶、菊花和凤凰或其他吉祥图案的金箔装饰。两侧的毛皮耳罩包裹着孩子们的耳朵和脖子，由两条绳子系在下巴处固定，两个圆嘟嘟的灰色毛绒球向下垂搭，显得尤为可爱。他们的脚上穿着白色袜子和黑色皮鞋，十分俏皮，远远望去排列有序。孩子们的外衣袖口、领子、下摆及帽子边缘等处都装饰着灰色的绒毛，更增添了服装的保暖性和功能性。由举牌礼仪人员和提灯小朋友的组合引导运动员们入场，孩子们双手拎着与韩国国旗配色相一致的上红下蓝结构的小灯笼。孩子们服装的红蓝白配色再次与开幕表演的服装和韩国国旗相呼应，整齐划一的同时又兼具民族色彩。

本届冬奥会举牌礼仪人员服装是由琴基淑设计的。琴基淑不仅是一位服装设计师，同时还是一位当代艺术家，她的设计通常将传统服装与高级时装以及个人艺术风格进行融合表现。她的雕塑作品《线与光》就使用混合、扭曲了的金属丝、水晶、珊瑚等材料，通过表现服装的永恒形式来探索女性形象的曲线和轮廓，将大众对时尚先入为主的观念转变成戏剧性的陈述与表达。这种艺术风格被她运用到了 2018 年

图 5-17　平昌举牌礼仪人员服装

平昌冬奥会的开幕式礼仪服装设计中：服装主体是传统的白色"V"字交叉领韩服，搭配白色裤装、靴子、手套与耳罩。在纯白色服装外，是一层由珠子、水晶和珍珠组成的透明裙摆（如图5-17）。不同色彩与款型设计的裙摆优雅飘逸，轻盈跃然，有一种诗意倾泻与平和静谧的美感。陪伴举牌礼仪人员入场的是分别身着红色和蓝色传统服装，手持灯笼的少年们。在现场灯光与纯净素雅的白色韩服的彼此映衬下，空灵剔透的冰雪纷纷扬扬地飘落，轻舞于开幕式上空。举牌礼仪人员手中的引导牌是树枝造型，在每一个枝杈末梢都缀以小灯装饰。整体而言，开幕式服装同时融合了韩国自身服饰文化与西方当代的美学形式，展现出浪漫主义的热情与童话魔法般的魅力。

　　值得一提的是，在运动员入场后的一场表演启发了全世界的思考，即"我们和未来的关系、我们与科技的关系，以及在万物互联的时代人心该如何相通"。舞者身着两款服装，一款是蓝紫色高领连体衣，胸前斜翻着一侧的领子，内为鲜艳的红色，搭配了红色包头式帽子；另一款则为蓝绿色连体衣搭配柠檬黄的帽子，帽子包裹住了肩颈部分，小腿处拼接柠檬黄色裤腿。由于这是一个参与人数众多的集体表演，相对来说更加注重整体效果，因而服装没有过多复杂的廓形和结构设计，款式虽然简单，但配色纯度较高，十分鲜艳大胆。在表演过程中，红蓝穿搭的演员负责操控边缘装有 LED 显示屏的"光之门"——它代表了为人类服务的科技，可以是手机、平板电脑或是其他任何的科技产品，其不断的排列组合代表人们正在通过一些现代高科技工具进行交流。舞者们操控的同时，场上的灯光随之忽明忽暗，地面上也配合光之门和舞者们的动线变化着动态画面，使整场表演更具有科技感。120道门在舞者手中进行着各种排列组合，它不但可以是我们居住的房屋，还可以是任何一个闭塞空间；这一环节直击内心，表达了人类个体之间能够相互连接的本能期盼。舞者们的衣服虽鲜艳醒目却没有喧宾夺主，反而带来了更为丰富的视觉效果，与舞台的设计相得益彰。黄绿穿搭的演员帽子中装有发光材质，在场地中间展开活力四射、激情四溢的街舞表演。虽然两者以不同的方式呈现，但都展现了对可持续穿戴设备的运用，即将科技创新运用于服装和表演中。

三、颁奖服装中的民族风格

平昌冬奥会的颁奖服装在传统民族服装的基础上融合了更多现代设计元素，比如改良后细长的门襟、传统袍服与现代波浪裙的结合设计等。这些举措都在视觉效果上放大了民族细节，同时还与现代接轨，以传统的廓形向观众展示出韩国现代服装的美感。

本届冬奥会的颁奖服装共分为两款，短款服装用于冰上项目的颁奖仪式（如图5-18），长款服装用于雪上项目（如图5-19）。将两种款式应用于不同的颁奖项目，使观众仅通过服装款式的差异就能一目了然正在进行的颁奖项目类别，2014年索契冬奥会就是以不同的印花裙长来进行区分的。颁奖服装的设计灵感取自韩国传统服装中的冬季长袍和帽子，色彩则与韩国国旗相同——白、红、蓝配色，而纹样结合了本届冬奥会主视觉中的雪花纹样。平昌冬奥会的主视觉是将韩国的传统文字与雪花图案结合而成的同构设计，雪花纹样大小不一、零星错落地点缀在服装裙摆上。

颁奖服装中女装的形制为交领上衣搭配半裙，男性是交领上衣与裤装的搭配，该服装结构源自北方寒冷的天气和游牧生活，并在长期发展中一直保持其固有形态。服装有蓝白两种配色，蓝色只使用在长款男性

图 5-18　平昌冰上项目颁奖服装　　图 5-19　平昌雪上项目颁奖服装

颁奖服装上，而这款颁奖服装也是四款中唯一使用蓝色裤装的，其余裤装款式均为白色。颁奖服装搭配了内里加绒的白色帽子，该帽子基本形态来源于韩国传统服饰的帽子"风遮"。这种帽子最初来源于上层阶级的男性，随后传入女性与平民中。风遮的顶部较高，能够安放装饰，使帽子具备一定的仪式感。帽子经前额覆盖耳朵，保证了保暖性与舒适性，其前、后部位添加了彩色的立体装饰物。

　　旗手与合唱团的服装以韩国传统的冬季服装为基础设计：其中，旗手们戴风遮冬帽，身穿一件传统长外套多波或一件经过裁剪的周遮衣，腰间系着五色绳子。多波与周遮衣都属于"袍"。多波带有"V"领和宽袖，可以长至脚踝。白色的多波通常用于日常穿着，而浅蓝色的多波则用于节日场合。周遮衣的起源至少可以追溯到朝鲜的三国时期，大致与中国古代北方为抵御寒冷天气而穿的长外套相似，通常长至小腿。直至高丽时期，受蒙古人的影响，周遮衣的外观发生了些许变化，传统袍的短袖被加长，宽袖被缩小，更贴近蒙古民族外套的风格。就周遮衣的制作来说，四季所用材料各有不同：冬季是羊毛、棉花和各种丝绸；夏季使用苎麻、细苎麻和丝绸纱布；春秋两季则主要用各类丝绸。

　　本届冬奥会重点强调人类与科技的关系，除了将传统韩服进行功能性、保暖性上的变形改良，设计师还在服装中添加了 LED 灯等发光材质，是一次将表演服装与未来科技相结合的大胆尝试。本届冬奥会的举办为韩国带来了积极的影响，奥林匹克体育场继续举办了 2024 年冬季青年奥运会等高水平赛事。2018 年平昌冬奥会的愿景是对冬季运动进行 21 世纪的诠释，并致力于在青少年和冬季运动之间建立联系。在服装设计上，尤其是开幕式举牌礼仪人员服装的设计上充满亮点。设计师将自己独特的设计风格融入服装语言中，使服装成为行走的艺术品。与此同时，随着奥运会的不断发展，越来越多的艺术家被邀请进行表演服装设计。他们通过在设计中融入本民族的文化符号与视觉语言，逐步将服装打造成当代艺术的传播载体。

第六章　双奥之城的冬奥服装设计

北京冬奥服装设计，传承了夏奥会的理念与经典，确立了北京作为"双奥之城"的特殊地位。从 2008 年夏季奥运会到 2022 年冬季奥运会，服装设计始终贯穿着民族特色与国际潮流相融合的设计理念，通过创新元素与传统文化的结合，呈现出两届精彩的服装设计，彰显出中国文化的深厚底蕴与创新精神。北京的两届奥运会的服装设计成果，在夏奥与冬奥的不同季节、不同环境和不同组织方式中，体现出服装文化对奥运精神不同的表现方式与传承，为大型国际活动的服装设计提供了宝贵的参考与启示，在提升赛事形象、增强文化认同和促进国际交流方面发挥了不可替代的作用。

第一节　北京夏奥会的经典形象

2008 年北京奥运会是第 29 届夏季奥林匹克运动会，于 2008 年 8 月 8 日至 24 日在中国北京举办。这场全球瞩目的体育盛会吸引了来自 204 个国家和地区的超过 10000 名运动员参加，他们在 28 个大项、302 个小项的比赛中角逐冠军。北京奥运会既是展示世界顶尖运动员竞技风采的舞台，也是展示中国悠久历史文化和现代发展成就的重要契机。通过这次盛会，北京显著提升了城市形象和基础设施水平，增强了国际知名度和影响力。奥运会期间，北京展现的卓越的组织能力和热情好客的城市精神，成功向世界传递了中国人民的文化自信与开放精神。

当世界的目光聚焦于北京时，一系列丰富多彩的文化活动向世界展示了北京悠久的历史和多元的文化，在提升北京形象方面发挥了重要作用。例如，在奥运会期间主办方策划了一系列文化遗产展示活动，包括长城、故宫、颐和园等著名景点的参观，以及中国传统工艺和非物质文化遗产的展示。这些活动让世界各地的游客和观众深刻了解了中国的历史文化，提升了北京作为文化古都的国际形象。此外，奥运文化节汇集了世界各地的艺术家和表演团体，通过音乐会、戏剧表演、展览等形式，促进了中外文化的交流与融合。文化节活动不仅丰富了奥运会的文化内涵，还让来自世界各地的观众感受到了中国文化的独特魅力。

北京通过夏季奥运会举办，显著提升了城市形象和基础设施水平，增强了其国际知名度和影响力。开幕式和闭幕式是奥运文化活动的高光时刻。通过一系列精彩的表演，开幕式向观众呈现了中国五千年的文明进程，从古代的四大发明到现代的科技创新，表现了中国的历史传承和文化自信。开幕式由著名导演张艺谋任总导演，他将中国传统艺术与现代科技完美融合。开幕式中采用了大量的灯光、激光和烟火效果，配合舞蹈、音乐和表演形成了令人震撼的视听体验。尤其是"人文景观"的大型舞台表现和"千人鼓乐"场景，展示了中国人民的团结和力量。极具创意和技术含量的表现，使开幕式赢得了全球观众和媒体的高度赞誉，被认为是奥运历史上最具震撼力和艺术价值的开幕式之一。

开幕式上精彩的服装设计通过融合传统与现代元素，成功展示了北京的文化特色和现代风貌。2008北京奥运颁奖服装采用了中国传统服饰的设计元素，如交领、盘扣和传统的廓形，结合现代设计理念，展示了中国文化的深厚底蕴和时尚感。礼仪人员的服装设计中融入了京剧脸谱、长城图案等元素，体现了浓厚的地方文化特色。

一、大国风范与国际标准

自改革开放以来，中国经历了快速的社会经济发展，最终发展为如今充满活力的市场经济体制，实现了经济的快速增长和社会的全面进步，在国际舞台上的地位显著提升。2008 年，中国的国内生产总值（GDP）达到 30.067 万亿元，成为世界第二大经济体。工业化和城市化进程显著推进，科技创新能力不断增强，人民生活水平大幅提升。中国在经济、科技、文化等领域取得的巨大成就为 2008 年北京奥运会的成功举办提供了坚实的基础，奥运基础设施的建设，如鸟巢（国家体育场）、水立方（国家游泳中心）等现代化场馆，体现了中国在建筑和工程技术方面的发展，奥运会期间高效的城市管理和便捷的公共交通系统，向世界展示了一个现代化、国际化的北京。

本届奥运会的口号"同一个世界，同一个梦想"（One World，One Dream）不仅体现了作为"绿色奥运、科技奥运、人文奥运"三大理念核心灵魂的"人文奥运"所蕴含的和谐价值观，更明确表达出全世界人民在奥林匹克精神的感召下，共同对人类美好未来愿望的追求。作为一个有着五千年历史的大国，丰厚的民族文化底蕴体现在夏奥会会场中的每一个角落。通过这届盛会，中国向世界展示了其作为一个现代化大国的综合实力和开放包容的国际形象。中国的组织能力、执行力和热情好客得到了全球观众和参赛者的高度评价。通过高科技手段和精心设计的文化活动，本届夏季奥运会展示了中国在科技创新、文化传承和国际交流方面的综合实力，进一步提升了中国在国际舞台上的形象和地位。

2008 年北京奥运成为一届经典的奥运会，为后来的奥运会及大型体育赛事的举办提供了非常高水平的范本和标准，在基础设施建设、赛事组织水平、奥运文化活动以及相关设计和视觉形象方面树立了标杆。鸟巢和水立方等场馆设计独特、功能齐全，奥运之后继续承办了大量重要赛事，已经成为北京城市景观的重要组成部分和中国体育建设成就的标志。北京奥运会的赛事组织从志愿者的高效服务，到赛事安排的紧密有序，再到应急预案的周全准备，展现了中国卓越的组织管理能力，这种高水平的赛事组织范例为后来的奥运会提供了宝贵的经验和借鉴。

2008 北京奥运会的成就和范式构成了宝贵的奥运遗产，对中国的奥运乃至体育事业产生了深远影响。如 2022 年北京冬奥会，在基础设施建设、赛事组织、文化活动以及城市管理等方面，继承了 2008 年夏季奥运会的成功经验，强调绿色、共享、开放、廉洁的办奥理念，注重环保和可持续发展，这些都是对 2008 年奥运会精神的延续和发展。

二、中国特色的突出展现

在中国的文化中，服装不仅是外观上的表现，更是一种深刻的文化符号。中国的礼仪制度源远流长，礼仪服装（如礼服、祭服、朝服等）都具有象征意义，通过服装颜色、纹样、质地等表现尊卑有序、等级分明的社会结构。如果说古代礼仪注重对天地、祖先、君王的尊敬，奥运会礼仪则更多地体现对参赛选手、观众和全世界人民的尊重。这种尊重通过礼仪服装的设计和展示得到传达，无论是庄重的设计还是精致的细节，都是对礼仪精神的体现。现代奥运会的礼仪注重国际性和普遍性，强调公平、尊重、友谊等价值观。奥运会的颁奖礼仪服装蕴含了深厚的文化底蕴和象征意义。

2008 年北京奥运会的服装设计融入了大量中国传统图案，颁奖礼服上采用了"瑞雪祥云"的图案，祥云在中国传统文化中象征着吉祥与好运，而瑞雪则代表丰收和幸福，这些图案不仅体现了中国人民对美好生活的向往，也寓意着奥运精神的传承与延续。服装设计中还融入了龙、凤、梅花等经典图案，龙象征着力量与权威，凤代表着美丽与和谐，梅花则寓意坚韧与纯洁，这些图案丰富了服装的文化层次，展现了中华文化的深厚底蕴。通过现代设计手法，这些传统元素在现代奥运会服装中焕发新生，得以传承和创新。

颜色也是中国服装礼仪的重要体现。北京奥运会的服装设计注重配色，主要使用红色、金色和蓝色，这些颜色不仅具有鲜明的视觉效果，还蕴含着深刻的寓意。红色是中国的代表色，象征着喜庆、热情和好运，在奥运中广泛应用于颁奖礼服和礼仪人员的服装上，体现了中国人民的热情好客。金色则象征着荣耀和财富，用于颁奖服装上的金色装饰，寓意着运动员在赛场上追求卓越、争取胜利的精神。蓝色代表和平与友谊，体现了中国对世界和平的愿望和对各国友好交流的期待。

在创新制式方面，北京奥运会的服装设计在传统服饰的基础上进行了现代化改造，既保留了传统服饰的精髓，又注重实用性，符合现代使用特点。颁奖礼服采用了中国传统的交领和对襟设计，但在裁剪和面料选择上进行了创新，使用了透气性好、舒适度高的现代材料，确保了礼仪人员在长时间工作中的舒适性。举牌礼仪人员和升旗手的服装通过简化传统服饰的复杂结构，增强了穿着的便捷性和实用性。这些服装还融入了现代时尚元素，使得整体设计既有传统美感，又符合现代审美标准。在设计夏季奥运会礼仪服装时，设计师们需要考虑国际观众的文化背景和审美习惯，在文化包容和创新的前提下，展示中国文化的多样性和开放性。夏季奥运会礼仪服装不仅要体现中国文化，还要适应国际观众的审美和理解。因此在设计中融入了现代时尚元素，使其既能体现传统文化的深厚底蕴，又能展示现代中国的创新精神和开放姿态。

2008 年北京奥运会的服装设计充分展示了中国特色，通过传统图案、经典配色和创新制式，成功地将中国的文化元素与现代设计理念相结合。总之，夏季奥运会颁奖礼仪服装作为文化符号，具有承载丰富文化内涵和传承悠久历史的责任，在其设计和展示过程中，既需要传承中国古代礼仪的庄重和尊重精神，又需要融合现代元素，体现出文化的创新与包容，同时向世界展示中国文化的独特魅力和深厚底蕴。

2008 年北京奥运会开闭幕式的服装分为举牌礼仪人员服装、工作人员制服和表演服装三个大类，它们共同构成了奥运会开闭幕式的服装文化。举牌礼仪人员礼仪服装以传统和现代元素结合，展现了中国的文化底蕴和审美特色；工作人员制服注重功能性和美观性的结合，确保在赛事期间的实用性和专业形象展示；表演服装则通过丰富多样的设计和精湛的制作工艺，完美地完成了开闭幕式的艺术表现。这些服装设计不仅展示了中国丰富的文化元素和设计创新，还在提升赛事形象和文化表达上发挥了重要作用，成为北京奥运会不可或缺的一部分。

（一）举牌礼仪人员与工作人员服装

在本届奥运会上，举牌礼仪人员的服装设计展现了中国传统文化与现代时尚的完美融合（如图 6-1）。2008 年北京奥运会开幕式服装设计师石冈瑛子"用更加中国的红色旗袍作举牌女子的装束，这些旗袍略经改良，有金线刺绣和宽阔的裙边。"[1] 这件立领"A"字形大裙摆的旗袍礼服的主体颜色为象征中国文化的中国红，这种色彩不仅代表了中国的传统美学，还具有深厚的文化内涵，象征着喜庆与吉祥。上衣设计为一件

---

[1] ［美］蔡文悠:《可不可以不艺术》，申舶良译，广西师范大学出版社 2015 年版，第 56 页。

中间高开衩的对襟旗袍礼服，采用无袖设计，增添了服装的妩媚与别致，既保留了旗袍的传统风格，又赋予其现代感，使得整体造型更加引人注目。对称的开衩裙摆设计展现了大气与简约的美感，金色刺绣装饰则精巧地分布于衣领、胸口和衣摆处，宛如盛开的花朵，衬托出高贵与典雅的气质。纱制的褶裙与旗袍上衣的搭配，既延续了传统旗袍的优雅，又通过现代材料的运用，凸显出服装的轻盈与流动感，这种设计展示了传统元素的魅力，通过对现代时尚的融入，彰显出大气与简约的风格。这一设计在满足视觉美感的同时，也通过细节的处理和色彩的运用，传达出深刻的文化意义与美学价值。在全球观众面前，这些礼仪服装展示了中国的传统旗袍服饰艺术，也通过现代设计语言，增强了国际文化交流的深度与广度，其对传统与现代、文化与时尚的成功融合，为未来的服装设计提供了宝贵的参考与启示。

图 6-1　举牌礼仪人员服装

北京奥运会志愿者的服装设计充分结合了功能性与文化性，包含帽子、长袖外套、短袖 Polo 衫、裤子、鞋、袜子，以及腰包和水壶等多个部分，满足了志愿者在不同气温和工作环境中的需求。特别值得一提的是，志愿者的裤子在膝盖以上处设有拉链，能够在短裤与长裤两种款式间自由转换，增强了服装的实用性与适应性。服装设计以奥运主视觉"祥云"为主要图案。制服颜色选择充满动感的色调，整体设计流畅欢快，展现出积极向上的精神风貌。工作人员的制服采用红色，象征热情与活力；志愿者的制服为蓝色，代表和平与信任；技术官员的制服为灰色，体现专业与稳重。系列制服的设计体现了对奥林匹克理念和中国元素的深刻理解与巧妙运用。制服上的凤凰图案取自南宁博物馆收藏文物，这种设计方式将传统文化与纹样设计巧妙结合，强调了中国文化的传承与创新。

（二）表演服装

在 2008 年北京奥运会开幕式的节目《击缶》中，两千多名击缶手身着立领短袖银灰色长袍登场，效果极为震撼。这些击缶手的上衣设计为对襟中式短袖长衫。对襟是中国传统服装设计款式，简洁大方，方便穿脱，保留了中国传统服饰的精髓。在传统款式的基础上，以银色为主色调，这种颜色具有强烈的现代感，象征着科技和未来。银灰色的选择使得整体视觉效果更加时尚和前卫，突显了中国在现代化进程中的创新精神和科技实力。银灰色与舞台灯光效果相结合，创造出视觉冲击力。对襟与领口处采用了传统的中国红绲边，这一设计细节既保留了传统服饰的特色，又点缀了银灰色，增加了服装的层次感，带有吉祥、喜庆和繁荣的文化氛围。击缶手们整齐划一的动作与节奏感强烈的击缶声相得益彰，银灰色长袍在灯光的映射下闪烁出夺目的光彩，中国红的绲边在击缶手挥动双臂时显得格外醒目，服装设计与表演动作的完美配合，提升了整体的艺术表现力。

开幕式《论语》表演中的服装以汉代服装为基础进行设计。每件服装的制作都使用了长达 90 米的纱质面料，以便在裙摆上堆积出 300 多个褶皱造型，服装色彩采用黑白灰的基础色调，营造出朴素典雅的水墨风视觉效果，增强了节目的恢宏感和仪式感，传达出中国传统文化的深厚底蕴与美学价值。从服装设计理论的角度来看，这些服装的设计遵循了功能性、象征性和美学价值相结合的原则。表演采用汉代服装，通过大量的纱质面料与褶皱设计，不仅增强了服装的动态美感，还在视觉上营造出悠远、典雅的氛围，与《论语》的文化内涵相得益彰。

2008 年北京奥运会开幕式的文艺表演共有 47 款、15153 套不同朝代、不同风格的服装，万余名演员穿着这些表演服装进行演出，向全球观众呈现了一个跨越 5000 年历史的中国。服装设计在视觉上形成了强烈的艺术冲击，通过传统与现代的完美结合，展示了中国文化的深厚底蕴与创新精神，体现了文化符号在现代大型国际活动中的重要作用。从服装设计理论的视角分析，2008 年北京奥运会开幕式的服装不仅是演员的表演工具，更是文化传播和视觉艺术呈现的载体。服装设计在增强表演效果、提升文化表达和实现视觉美感方面发挥了至关重要的作用，成功地将中国五千年的文化历史与现代设计理念融为一体，创造出令人难忘的视觉盛宴。

（三）颁奖仪式庆典中的服装

鉴于首次举办奥运会的重大意义，北京夏季奥运会的颁奖仪式服装设计采用了全球征集的方式，以选拔最优秀的设计方案。该服装征集活动始于 2007 年 4 月 11 日北京市政府筹备会议。全球征集汇集了来自世界各地的创意和设计理念，确保设计的多样性和创新性，进一步提升服装设计的国际化水平。北京奥组委广泛征求相关专业协会的建议，充分调动全国顶尖服装设计专业人士的积极性。这种全球征集和本土结合的模式，不仅使设计方案具有广泛的文化包容性和国际视野，还保证了设计的高质量和高水准。本届仪式庆典服装的设计征集规模在历届奥运会中名列前茅。此次征集活动共收到 200 套入围服装设计方案，经过严格的评选和筛选，奥组委最终确定了本届夏季奥运会的颁奖礼仪服装设计方案。

颁奖服装的征集设计对象有运动员引导员服装、嘉宾引导员服装、托盘员服装和升旗手服装等。由于运动员引导员与嘉宾引导员在颁奖仪式中功能相似且站立位置较为相近，因此在服装款式、色彩上不宜有过于明显的反差，可在细节之处予以区分。托盘员负责在运动员就位后以专用托盘递送鲜花、奖牌，并在奖牌授予过程中托举鲜花、奖牌站立在颁奖台旁。升旗手负责奥运会和残奥会赛时奥运场馆内颁奖仪式国旗的护送、升起和收回。

颁奖仪式庆典服装经过征集选拔和调整，最终确定了"青花瓷"系列、"宝蓝"系列、"国槐绿"系列、"玉脂白"系列、"粉红色"系列和升旗手服装在内的颁奖礼仪服装设计。"青花瓷"系列以青花瓷器为灵感，融合传统刺绣与西式鱼尾裙摆；"宝蓝"系列采用宝蓝色，结合盘金绣的江崖海水纹与旗袍设计；"国槐绿"系列体现绿色奥运理念，使用银线绣制的吉祥牡丹纹样；"玉脂白"系列呼应金镶玉奖牌理念，融合彩绣腰封与玉佩设计；"粉红色"系列通过传统盘金绣和 U 形领口设计展现力量与美感。这些服装不仅融合了中国传统文化元素与现代设计理念，还通过巧妙的配色、创新的款式和精湛的工艺，完美展现了中国文化的深厚底蕴和现代化进程中的创新精神。各系列服装在设计上兼顾了艺术性、文化性和实用性，不仅体现了中国礼仪服装的庄重与尊贵，也在国际舞台上展示了中华民族的文化自信与开放精神，成为奥运会的宝贵遗产。

1. "青花瓷"系列

"青花瓷"系列颁奖服装（如图 6-2）的设计灵感取自世界闻名的中国青花瓷器，服装整体为坎肩款式的连衣裙，上身胸前的部分以青花瓷瓶颈图案作为立领分割方式，转换成服装结构线，领口刺有青花瓷图案，中国传统乱针绣的运用形象逼真地再现了青花瓷的晕染效果。[1] 连衣裙下摆则通过立体剪裁方法制作出具有西式褶皱的鱼尾裙摆，鱼尾裙的廓形设计凸显了中国女性的柔美曲线。[2] 这一系列颁奖服装在设计上融汇了中式元素与西式廓形，这一新尝试也得到了人们相当热烈的反响，"青花瓷"礼服一炮而红，迅速风靡大街小巷。"青花瓷"系列礼仪服装被普遍应用于水立方、顺义水上公园和青岛市分会场的所有水上项目的颁奖仪式中，碧波荡漾映衬青花白裙，颁奖礼仪场所与该套礼仪服装的适配程度亦是不言而喻，每次亮相都带给世界人民以大国风范、优雅端庄的整体感受。

值得一提的是在 2020 年东京奥运会（实际于 2021 年举办）上，中国代表团在开幕式中的服装设计元素同样来自瓷器，选取故宫明代洪武年

---

① 阿杜、李涛：《奥运颁奖礼仪服饰发布 中国元素点亮世界》，《北京服装纺织（时尚北京）》2008 年第 8 期。

② 阿杜、李涛：《奥运颁奖礼仪服饰发布 中国元素点亮世界》，《北京服装纺织（时尚北京）》2008 年第 8 期。

图 6-2 "青花瓷"系列颁奖服装

间釉里红缠枝牡丹纹碗上的牡丹纹样作为视觉元素来源，具有中国特有的美学感受和文化趣味。这些传统纹样被设计组合成适合女性的白色连衣裙下摆的图形，领口露出的牡丹枝叶起到与裙摆相呼应的作用，在层次上更显丰富，中华文化通过服装设计在奥运会赛场上再次惊艳了全世界。

2."宝蓝"系列

"宝蓝"系列颁奖服装（如图 6-3）采用温润典雅的宝蓝色作为礼服主色，长款衣身将抹胸与云肩进行结合，下身为带有侧缝的修身款传统旗袍，短款衣身采用领口到腋下一体的款式。腰间饰有采用传统盘金绣制作的腰封，图案选用具有中国传统文化审美意趣和美好愿望的吉祥纹样——江崖海水纹、牡丹花纹，凸显了鲜明的中国特色和民族风格。[1]该服装腰间缀有玉佩穗带的装饰物，中式立领配以西式肩部设计，尽显中国女性优雅精致、落落大方的高贵气质。身着"宝蓝"系列颁奖服装的颁奖仪式志愿者在夏奥会期间，主要出现在体操、室内球类比赛和击剑等项目的颁奖现场。[2]

---

① 阿杜、李涛：《奥运颁奖礼仪服饰发布　中国元素点亮世界》，《北京服装纺织（时尚北京）》2008 年第 8 期。

② 晓梦、穆祥滨：《颁奖服"国色"添香》，《中国纺织》2008 年第 8 期。

图 6-3　"宝蓝"系列颁奖服装

3. "国槐绿"系列

"国槐绿"系列颁奖服装（如图 6-4）的丝缎礼服寓意着蓬勃朝气的生命力和郁郁葱葱的环境，体现了与自然和谐发展的美好愿望及"绿色奥运"的理念。"国槐绿"系列短款与"宝蓝"系列短款形制相似，从肩膀环绕至胸口再到腰部形成的半圆形图案为视觉中心点，使用立体银线绣制的吉祥牡丹和卷曲花纹为图案，基于传统立领旗袍的形制进行改良创新，展现出柔美的曲线和东方女性恬静的气质。自行车、射击、现代五项等项目的颁奖仪式上使用了"国槐绿"系列颁奖服装。

图 6-4　"国槐绿"系列颁奖服装

4."玉脂白"系列

"玉脂白"系列颁奖服装（如图 6-5）的颜色巧妙地呼应了本届夏奥会奖牌"金镶玉"的理念。短款为斜襟旗袍 A 字裙，下身通过立体剪裁的手法制作出多褶的裙摆；长款与"青花瓷"系列形制相似，但领口为方形领。垫金绣的图案由领口经过胸前延伸至腋下。两种款式都有彩绣腰封和玉佩的设计，这既是中国玉文化的完美再现，还是对传统旗袍设计的又一次创新。层次丰富的绿色与牙白色丝绸面料的质感彼此之间完美搭配，更突显出中国女性内敛、含蓄的特质。该系列颁奖服装被应用于国家体育场、所有的室外球类比赛以及香港马术比赛颁奖仪式中。①

图 6-5 "玉脂白"系列颁奖服装

5."粉红色"系列

"粉红色"系列颁奖服装（如图 6-6）服装上半身为箱形设计，U 形领口的设计突出了颈部的优美线条，而以传统盘金绣工艺制作的宝相花图案腰饰也进一步分割出完美的身体比例。长款下半身裙摆与"青花瓷"系列形制一样，皆为褶皱鱼尾裙，短款下摆与"玉脂白"系列短款形制

---

① 阿杜、李涛：《奥运颁奖礼仪服饰发布　中国元素点亮世界》，《北京服装纺织（时尚北京）》2008 年第 8 期。

图 6-6　"粉红色"系列颁奖服装

一致，为西式裙摆。"粉红色"系列颁奖服装主要出现在拳击、举重、摔跤等力量型比赛颁奖仪式中。

　　北京奥运会的仪式庆典服装不仅通过颜色区分了颁奖项目，还依照形制区分了礼仪人员职能。其中，长及脚踝的礼服为引导员服装，而长及膝盖的礼服为托盘员服装。礼服的款式和色彩不仅与北京奥运会形象景观相协调，还与颁奖仪式环境相一致。通过对以颁奖服装为主的服装设计的精彩呈现，人们不禁认识到颁奖服装作为文化载体的重要性。事实上，在 2008 年之前，中国对于礼仪场所特定的礼仪服装设计并未形成统一范式，而在北京夏奥会之后，中国的礼仪服装设计开始逐步形成一套具有一定学术性的专业体系，并随着时间流逝而不断迭代发展。总而言之，2008 年北京夏奥会的礼仪服装范式已经深入全国各地服装设计的血脉中，礼仪服装成为这届夏奥会的宝贵奥运遗产之一。

　　6. 升旗手服装

　　升国旗、奏国歌是奥运会颁奖的重要环节。在颁奖仪式开始前，冠军运动员国家的国歌将会奏响，获奖运动员国家的国旗将被升起，这是奥运会的荣耀时刻。升旗手在夏奥会和残奥会期间，肩负着颁奖仪式中国旗的护送、升起和回收工作，其服装设计需兼顾功能性与仪式感。升旗手的服装设计也代表了主办国对于体育精神的赞美和对运动健儿的尊

图 6-7 升旗手服装

重。在本届夏季奥运会上，升旗手的服装设计以中山装款式为基础进行了创新设计。中山装作为中国近现代服装的代表，象征着国家的庄重与威严，其基础设计符合升旗手在仪式中的重要角色，充分体现了升旗手的特定使命与服装的功能性（如图 6-7）。整体颜色以白色为主，衣领处用蓝色图案加以点缀，与颁奖服装中的"青花瓷"系列礼服遥相呼应，形成视觉上的统一。裤子与鞋子也采用了素雅的白色，而裤子侧缝线处装饰有富有中国元素的图案，在体现中国传统文化的同时又不失阳刚之气。这种设计不仅在视觉上给人以简洁与大气之感，还通过细节处理彰显了传统与现代的融合。

三、2008 年北京奥运会服装设计的引领作用

2008 年北京奥运会的服装设计不仅在当时引领了服装设计理念，还对后来的大型文化活动、体育赛事和仪式活动的服装设计产生了深远影响。这些服装设计不仅在视觉上形成了强烈的艺术感染力，还通过细节展示了中国的文化符号，提升了活动的整体美感和文化表达。奥运会后的大型活动纷纷借鉴北京奥运会的服装设计理念，将传统元素与现代时尚相结合，注重环保和可持续发展，追求艺术性与实用性的完美结合。北京奥运会服装设计的成功不仅提升了中国在国际舞台上的形象和影响力，也为中国后续举办全球大型活动的服装设计树立了新的标准和方向。

设计师们通过对传统服饰元素的现代化处理，创造出了一系列具有文化深度和现代美感的服饰。这些设计不仅在视觉上形成了强烈的艺术冲击，还通过细节展示了中国的文化符号。例如，"青花瓷"系列颁奖服装的设计灵感取自中国青花瓷器，青花瓷图案的乱针绣再现了瓷器的晕染效果，既展示了中国传统艺术的精湛工艺，又体现了现代设计的时尚

感。又如"国槐绿"系列颁奖服奖寓意着蓬勃朝气的生命力和与自然和谐发展的美好愿望，采用环保材料和立体银线绣制的吉祥图案，传递了"绿色奥运"的理念，体现了中国对可持续发展的承诺。

第二节　2022 年北京冬奥会的服装设计

北京 2022 年冬季奥运会于 2 月 4 日至 20 日在中国北京和张家口举行，这是中国首次举办冬季奥运会，北京因此成为全球首个既举办过夏季奥运会又举办过冬季奥运会的"双奥之城"。北京地处中国北部，冬季气候寒冷干燥，为冬季奥运会的举办提供了适宜的自然条件。冬奥会的开幕式和闭幕式延续了 2008 年夏奥会的文化展示理念，通过精心编排的节目展示中国丰富的历史和现代化进程。开幕式以"点燃冰雪激情，共享奥运荣光"为主题，结合传统文化元素和现代科技，传递了中国的文化自信和对和平的追求。"一起向未来"（Together for a Shared Future）的口号体现了冬奥会的核心理念，强调全球共同面对挑战、共创美好未来的愿景，反映了中国对全球合作与和谐的期望。

一、北京冬奥会与冬奥精神

第 24 届北京冬季奥林匹克运动会于 2022 年 2 月 4 日开幕。此次冬奥会设立了 7 个大项，包括 15 个分项和 109 个小项。北京赛区负责承办所有的冰上项目；延庆赛区承办雪车、雪橇及高山滑雪项目；张家口赛区的崇礼区承办除雪车、雪橇及高山滑雪之外的所有雪上项目。[①] 其中一些赛事项目重新利用了 2008 年北京奥运会的场馆，如北京国家体育场和北京国家游泳中心。冬奥村和比赛场馆的设计与建设注重生态环保，运用了大量可再生能源和环保材料，成为绿色建筑的典范，体现了环保节能和可持续发展的"绿色冬奥"理念。先进科技的运用，如国家速滑馆"冰丝带"和高山滑雪中心，不仅提升了赛事的运行效率，也为观众提

---

① 姜浩峰：《世界期待中国，中国做好准备……》，《新民周刊》2022 年第 4 期。

供了全新的观赛体验。三个赛区一流的场馆设施，严谨专业的赛事组织，温馨周到的服务，赢得参赛各方一致好评。

2022年北京冬奥会的主题口号"一起向未来"不仅体现了团结和集体的力量，还彰显了奥林匹克运动的核心价值观和愿景，强调了追求世界统一、和平与进步的目标，同时反映了残奥会在促进包容性社会发展方面的重要作用。冬奥会的开幕式和闭幕式，通过精心设计的文化表演，展示了中国悠久的历史文化和现代化进程，结合传统文化元素和现代科技，传递了中国人民的文化自信和对和平的追求。人类命运共同体的主题贯穿冬奥会始终，中华文化和冰雪元素交相辉映，体现了自然之美、人文之美、运动之美，诠释了新时代中国可信、可爱、可敬的形象。赛事吸引了全球数十亿观众观赛，成为当前收视率最高的一届冬奥会。

冬奥会不仅是体育竞技的盛会，也是展示国家形象和民族精神的舞台。通过冬奥会的成功举办，中国展示了现代化建设的成果和强大的国家实力，增强了全国人民的自豪感和向心力。2022年4月8日，习近平总书记在北京冬奥会、冬残奥会总结表彰大会上发表重要讲话，提出"胸怀大局、自信开放、迎难而上、追求卓越、共创未来"的北京冬奥精神，这是北京冬奥会留下的最重要的文化遗产和精神财富。这一精神在冬奥会的申办、筹办和举办过程中凝结，并转化为全面建设社会主义现代化国家的精神力量。在精神文明建设中，冬奥精神激励着全体国民团结一心，共同为实现中华民族的伟大复兴而努力。冬奥会的成功举办离不开全体参与者的不懈努力和艰辛付出。在冬奥会筹办过程中，面对各种困难和挑战，全体人员展现出了高度的责任感和顽强的斗志。冬奥精神激励着广大民众在日常生活和工作中，迎难而上，不断超越自我，为国家的繁荣昌盛贡献自己的力量。这种奋斗精神不仅体现在体育领域，更在全社会形成了一种积极向上的精神风貌，推动国家的长远发展。

二、开闭幕式上的冰雪主题服装

北京是第一个同时举办过夏季和冬季奥运会的城市，拥有"双奥之城"的美誉。2022年北京冬奥会的服装设计不仅体现了赛事的功能需求，还蕴含了深厚的文化内涵与现代科技元素，展示了中国传统文化与现代设计理念的完美结合。

开幕式举牌礼仪人员身着由陈敏正造型团队设计的中国旗袍样式的礼服（如图 6-8），帽子却各有不同。帽子的设计结合了蔚县民间的虎头元素，创作出蓝白配色的虎头帽，凸显冰雪特色，展示出清新的色调风格和浓郁的中国味道。虎头帽造型共有 14 款，它们是从全国范围搜集的100 余种虎头造型中精挑细选出来的。陈敏正说，"开幕式迎来农历虎年，当天又恰逢立春，所以在服装设计上我们充分运用了雪花、虎头等元素，将中国民俗文化融入现代款式的服装，展示出中国风以及时尚、未来感。"[1]引导牌设计融合冬季雪花与中国结图案，采用六角形雪花造型，充分体现了中国传统文化与现代时尚的融合。白蓝配色与冰雪的纯洁相呼应，雪花图案由中国传统结绳技艺编织而成，裙摆图案以中国山水画为灵感，体现冬季节气与中国传统文化的完美结合。立领设计运用中国结艺编织，蓝色线条汇集领口形成中国风盘扣，既彰显中国服饰美感，又具民族意蕴。裙摆展示中国山水画，从深蓝至白色的渐变色象征北京对全球运动员的欢

图 6-8　北京冬奥会举牌礼仪人员服装

---

① 《中国风服装展现国人精气神》，《北京晚报》2022 年 2 月 7 日。

迎，传达视觉美感。改良版 A 字廓形旗袍通过公主线拼接和折纸风裙摆，凸显腰部线条，增强立体感和修身效果，展现纤细高挑身形和青春活力。靴子设计为延伸裙摆的山水画和雪花晕染，提升整体视觉效果。

2022 年北京冬奥会制服分为三种，分别是工作人员服装、技术官员服装与志愿者服装。冬奥会制服在满足区分人群、保暖抗寒等特定功能需求的同时，也是冬奥会形象景观设计的重要组成部分。冬奥会制服以整体的形象与气质传达奥运工作者与参与者的精神风貌，是一道流动的风景线。[①] 冬奥会制服也是经由北京冬奥组委向全世界征集，设计师贺阳的作品从 600 多套设计作品中脱颖而出，设计中融合了中国传统山水画与冬奥主视觉图形的雪山图景，展示了中国文化的深厚底蕴。冬奥核心图形被拓展到服装上，运用具有中国水墨画韵味的笔触，描绘了京张地区山形、长城形态等，将传统美学和冰雪运动巧妙融合。山水图案象征着君子人格的高洁品质，是中国人热爱自然、与自然和谐共生的哲学观和价值观的体现，与工作人员、技术官员、志愿者的奉献精神契合。

在色彩方面，灰色水墨意象源自北京冬奥色彩系统中的"长城灰"，由 2008 年北京奥运会色彩系统延展而来，体现了北京奥运遗产的连续性与价值，联结了北京夏奥与冬奥，通过志愿者的穿着，体现了"双奥之城"的风采。其中，工作人员和技术官员制服中的"霞光红"，取自北京冬季初升的太阳与霞光，是温暖与希望的象征，体现了工作人员和技术官员的工作热情。志愿者制服中的"天霁蓝"，是中国传统陶瓷珍品——霁蓝釉的颜色，具有宝石般的光泽，体现了志愿者的活力。"瑞雪白"作为制服的调和色，象征了冰雪世界的纯净高洁，寓意"瑞雪兆丰年"的美好祝愿，契合北京冬奥会举办期间正值中国农历春节的喜庆氛围。

三、颁奖服装上的创新纹样

颁奖服装是冬奥会颁奖仪式的重要元素之一，也是在冬奥会期间充分展示主办国文化和礼仪风采的重要载体，在历届奥运会中都备受关注，

---

① 贺阳：《冬奥制服：传统文化、艺术与奥林匹克精神统一》，《大学生》2021 年第 12 期。

因此颁奖服装的设计工作受到了高度重视。北京冬奥会颁奖服装设计采取了向全球公开征集的方式进行，确保颁奖服装设计如期完成。本届冬奥会的颁奖服装最终选出三组设计师的三个主题设计作品，总计七套，分别适用于冰上场馆、雪上场馆和颁奖广场的礼仪人员。服装整体风格大气简约，以传统文化元素作为主要视觉符号，为了在视觉效果上更加和谐，这些作品采用"天霁蓝"和"霞光红"为主色调，每个主题服装设计均由一套红色服装和一套蓝色服装构成，其中"唐花飞雪"设计作品除了一蓝一红两套女装设计，还有一套深蓝色为主体的男装设计，这些优秀的设计作品向全世界观众展示了中华文化的丰厚底蕴与卓越风采。

相较于2008年北京夏奥会，2022年北京冬奥会并未将升旗手的服装归入颁奖仪式服装的品类中，这与2022年北京冬奥会致力于向世界呈现一届简约、安全、精彩的奥运盛会的精神相一致。运动员和嘉宾引导员、托盘员等礼仪人员由高校选拔的优秀志愿者构成，相较于2008年夏奥会，除了女性礼仪人员，也增加了男性礼仪人员。三组经由北京冬奥组委选拔出来的服装设计作品按照冰上项目场馆、雪上项目场馆和颁奖广场三种颁奖场所分别使用。

"鸿运山水"系列颁奖服装（如图6-9）由尤珈设计，以中国名画《千里江山图》为灵感来源，运用了中国画中的山水表现手法。服装及配饰上的图案将中国传统山水图像与冬奥核心图形中的山影相结合，古典与现代交融，青花山水跃然衣间，达到古朴典雅、清新流畅的视觉效果。设计应用在北京冬奥会的冰上项目场馆。"瑞雪祥云"系列颁奖服装（如图6-10）由中央美术学院团队设计，帽子由贺阳设计。灵感源自"瑞雪"、"祥云"两个中国传统吉祥符号，将中国汉唐以来深衣中的交领右衽、上衣下裳相连、对襟旋袄与现代服饰相结合，并以手推刺绣的形式展现中国传统绘画"金碧山水"的技法，将传统文化与时代潮流相结合。[①]设计应用在北京冬奥会、冬残奥会的雪上项目场馆。

---

① 陈晨：《扮美北京冬奥，2022年冬奥会和冬残奥会颁奖礼仪服装的"幕后细节"曝光》，《服装设计师》2022年第Z1期。

图 6-9 "鸿运山水"系列颁奖服装

图 6-10 "瑞雪祥云"系列颁奖服装

"唐花飞雪"系列（如图 6-11）由楚艳设计，从中国传统唐代织物中撷取灵感，提炼精简宝相花纹样，与同样是中心放射状对称的雪花图案组合，结合北京 2022 年冬奥会和冬残奥会核心图形中的光线图案，极富汉唐风韵又饱含时代精神。"唐花飞雪"系列也呈现了北京 2022 年冬奥会颁奖服装中唯一一套男装设计。设计应用在北京颁奖广场、延庆颁奖广场、崇礼颁奖广场和闭幕式的颁奖环节。

三大系列的颁奖礼仪服装在设计理念、色彩运用和工艺技术上各具特色，不仅满足了赛事的功能需求，还通过视觉传达展现了中国的文化符号，促进了国际文化交流。

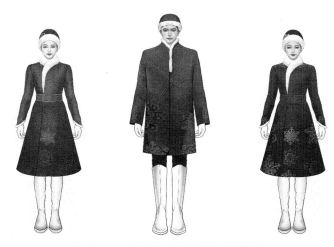

图 6-11　"唐花飞雪"系列颁奖服装

四、双奥之城的国际影响

北京作为"双奥之城"，是全球唯一一座既举办过夏季奥运会又举办过冬季奥运会的城市。这一独特地位赋予北京在国际社会中的特殊影响力，涉及文化展示、全球视野、文化交流、国际影响力等多个层面。2008 年夏季奥运会和 2022 年冬季奥运会的成功举办，不仅展示了中国在体育组织和基础设施建设方面的能力，还体现了中国开放包容的国际态度，吸引了来自全球的运动员、游客和媒体，成为展示全球多样文化和促进国际理解的重要平台。通过丰富的文化活动和展示，如开幕式、闭幕式以及文化节，北京向世界展示了中国的传统文化和现代成就。双奥之城的奥运文化遗产既丰富了全球文化交流的内容，也为其他国家和地区提供了借鉴。这种跨文化交流有助于增进各国人民之间的理解与合作，推动全球文化的融合与创新。

国际化视野不仅有助于提升中国服装在全球市场的影响力，也促进了中国设计师与国际同行的合作和交流。通过这种合作，设计师们得以借鉴全球最前沿的设计理念和技术，从而不断提升中国服装设计的质量和创新能力。双奥之城的经验和成就为未来国际赛事的组织和文化展示提供了重要的参考和范例。通过奥运会，北京成为传播中国文化的重要窗口，同时也是国际文化交流的枢纽。双奥之城所展示的文化多样性和包容性，为全球文化的多样性和融合贡献了重要力量。这种全球化的文化遗产丰富了人类文化的多样性，为世界各国在全球化背景下的文化交流提供了新的思路和方法。

通过成功举办这两届奥运会，北京巩固了其作为国际大都市的地位，还进一步提升了中国的国际影响力。双奥之城的经验为未来的国际赛事组织提供了宝贵的参考，也奠定了北京作为全球体育文化中心的地位。尤其是在冬奥会服装设计中，设计师们成功地将传统文化元素与现代设计理念相融合，展示了中国文化的多样性和丰富性。这种文化表达增强了中国人民的文化自信，也提升了全球观众对中国文化的理解和欣赏。双奥之城的文化遗产不仅是对过去辉煌的记录，更是未来发展的动力源泉。

北京双奥之城的历史地位和文化意义远远超出了体育赛事本身。它不仅是中国现代化进程的一个标志，也是中国文化在全球化背景下的自信展示。通过奥运会，北京将中国文化推向世界，展示了一个开放、自信、充满活力的现代中国形象。这一历史地位和文化意义，不仅对中国本身具有深远影响，也对全球文化和国际关系的和谐发展产生了积极而深远的影响。北京双奥的成功，为未来的全球文化交流和合作奠定了坚实的基础，也向世界展示了中国的文化魅力和现代化成就。

第三节　冬奥服装与特色文化活动实践

自北京冬奥会申办成功以来，这座城市以冬奥为中心开展了一系列优质的特色文化活动：在冬奥会举办前，冬奥组委举办了倒计时系列活动，以及一系列设计方案的征集和发布，例如火炬设计、奖牌设计和服装设计等，在社会范围内进行冬奥会的充分预热；2022 年 1 月启动的"北京 2022 冬奥文化全球行"主题活动，旨在深化国际沟通合作，加大北京 2022 年冬奥会全球推广力度；冬奥会结束后举办的"纪念北京冬奥会成功举办一周年系列活动"，回顾了冬奥历程，持续弘扬了冬奥文化精神。这些极具北京冬奥特色的文化活动在弘扬奥林匹克精神、展示中国文化、促进中外文化交流、增强赛事氛围等多方面发挥了重要作用，全面展现了全球和谐与合作的理念。活动中，奥林匹克精神通过多样化的艺术形式传递了和平、友谊和尊重的核心价值观；中国传统艺术与现代科技充分融合，展示了中华民族的深厚文化底蕴；中外文化交流得以通过这些活动深化，促进了各国人民之间的理解与互信；丰富多彩的文化表演则为冬奥会增添了独特的魅力和节庆氛围，使其成为体育与文化的盛宴。其中，冬奥服装设计作为活动的重要组成部分，成为传递冬奥文化精神的视觉载体，发挥了不可或缺的作用。

一、北京冬奥文化节活动实践

"相约北京"奥林匹克文化节暨第 22 届"相约北京"国际艺术节是中国为庆祝北京冬奥会和冬残奥会而举办的文化盛会。活动于 2022 年 1 月 6 日至 2 月 18 日举行，由中国文化和旅游部、国家广播电视总局、北京市人民政府、北京 2022 年冬奥会和冬残奥会组织委员会主办。此次文化节旨在展示北京作为"双奥之城"的独特文化魅力，促进中外文化交流，弘扬奥林匹克精神。"相约北京"奥林匹克文化节暨国际艺术节作为北京冬奥会的赛时文化活动，不仅是一场大型的综合性国际艺术盛会，更是展示中华文化和讲述中国故事的重要平台。文化节包含五大板块：表演艺术、视觉艺术、电影展映、城市活动和庆典活动。活动以"线上 +线下"形式进行，涵盖了来自 22 个国家和地区的近百场展演活动。

表演艺术板块是本次文化节的核心，包括开幕式、音乐会、舞剧、戏剧等多种形式的艺术演出。在开幕式上，中央民族乐团和苏州交响乐团联合演出大型综合文艺晚会"我们北京见"，通过增强现实和全息影像等技术创新表达中国传统文化。冬奥文化节开幕式首次启用虚拟歌手进行演出。这场演出以增强现实和全息影像等高科技手段为依托，融合了虚拟与现实的元素，展示了青春活力和冬奥精神。洛天依是中国的虚拟歌手，在年轻人中具有很高的人气和影响力，她登台演唱了《闪耀时刻》等歌曲。她的演出通过全息技术与现场舞台相结合，使虚拟角色与观众之间的互动更加生动和逼真。洛天依的表现不仅展现了现代科技在艺术表现中的创新应用，也象征着新一代年轻人对于科技和文化的开放心态。多位奥运冠军也加入了此次表演，他们展示了体育健儿的精神风貌，为演出增添了真实的力量感和感染力。文化表演活动中，服装设计起到了至关重要的作用。开幕式晚会上的服装设计体现了表演的主题和文化内涵，还结合了现代设计元素，增强了视觉效果。例如，虚拟歌手与主持人的服装设计通过色彩和样式的搭配，既突出了人物个性，又统一了整体视觉效果，增强了表演的感染力和艺术性。

除了表演活动，还有展览、电影和公共活动等。视觉艺术展览展示了丰富的中外绘画、雕塑和摄影作品，体现了艺术创意和奥林匹克精神的深度交融。电影展映部分精选了奥运文化主题的影片，通过视觉媒体讲述奥林匹克精神和奥运文化故事，增强观众对奥运文化的理解。城市活动则通过街头艺术、公共艺术装置和社区参与，将冬奥文化融入日常生活，营造浓厚的文化氛围。庆典活动如文化周、主题日和传统节庆展示，既庆祝了冬奥会的成功举办，还展示了中国丰富的文化传统和现代创新精神。

"相约北京"文化节通过高新技术的应用和创新表达活动，传递了简约、安全、精彩的奥运盛会文化内涵，为北京这座双奥之城增光添彩。此次文化节进一步弘扬了中华文化，讲述了中国故事，向世界展现可信、可爱、可敬的中国形象。[①]活动增强了北京作为全国文化中心的地位和影响力，也为全球观众提供了一个欣赏和理解中国文化的平台。

---

① 参见《"相约北京"奥林匹克文化节暨第22届"相约北京"国际艺术节开幕》，《中国民族博览》2022年第2期。

二、北京冬奥文化节服装设计

在北京冬奥文化节上，主持人和虚拟偶像的服装设计各自承担了重要的文化传播功能。主持人是文化活动中的传统角色，承担着重要的职能，是整场活动的精神传达者，也是整个过程的推进者。他们的服装历来是观众关注的焦点，不仅需要契合节目的主题和氛围，还承担着传递文化信息和展示国家形象的责任。主持人服装设计巧妙地融合了中国传统元素和现代时尚，通过中式立领、冰梅纹和雪山元素的运用，展现了中国的文化底蕴和审美情趣，反映了冬奥会的冰雪主题。而虚拟偶像的表演则是文化节上的全新内容，虚拟偶像的服装要求与其形象和表演内容完美搭配。这不仅是艺术创作的载体，也是技术的创新展示。洛天依的服装设计通过增强现实和全息影像技术，实现了与观众的互动和沉浸体验。虚拟服装能够突破传统物理服装的限制，呈现出更加大胆和创意的设计，这种设计不仅在视觉上带来新奇感和冲击力，还强化了文化节的未来感，吸引年轻一代的关注和参与。

1.北京冬奥文化节开幕式主持人服装设计

主持人的服装设计不仅仅是简单的服装选择，而是一个整体的形象设计。服装设计和整体形象设计是相辅相成的。"形象设计"概念可以追溯到1950年的美国，通常指对个人整体形象的设计和指导。主持人整体形象设计包括服装、发型、妆容和配饰等多个方面，它们共同构成完整的视觉形象。在形象设计中，服装是最直观和显眼的部分，它不仅决定了整体风格和色彩基调，还传达特定的文化和情感信息。通过协调各个元素，整体形象设计能够提升主持人的个人魅力和公众形象，使他们在节目或活动中更具代表性和识别度。

在北京冬奥文化节中，主持人的整体形象设计结合了传统文化元素和现代设计理念，展示了中国的文化底蕴和现代风貌，增强了活动的仪式感和主题表达。为实现最佳效果，设计师不断寻找灵感，收集大量相关资料，结合冬奥会的主题和文化元素进行设计。在设计过程中，设计师需要关注款式、面料、颜色和主题风格等多种因素。裁剪是其中一个非常关键的步骤，设计师需要进行周密计算和谨慎裁剪，以确保设计初衷得以实现。在具体设计手法上，北京冬奥文化节开幕式主持人服装设计充分运用了中国特色的服装语言和冬奥文化元素，将中国山水意境融入人物造型手法中，体现了中西结合的理念。女主持人龙洋的礼服结合了传统旗袍改良、中式立领、抽象雪山元素、冰梅纹元素和科技雪花刺绣。男主持人王冠的礼服运用了传统中式男装的领形，并融入雪山和迎春花等元素，使整体设计与开幕式的冰雪舞台相呼应。北京冬奥文化节开幕式主持人服装设计通过中西结合的理念，融合传统文化元素与现代设计理念，展示了中国文化的深厚底蕴和现代风貌，体现了设计师在形象设计、技术创新和艺术表现上的综合能力。这样的设计不仅提升了视觉效果，也为观众传递了丰富的文化信息和情感体验。

2. 虚拟艺术与虚拟传播的积极应用

在北京冬奥会的实践中，虚拟艺术和虚拟传播的应用展示了其在文化推广中的巨大潜力。通过虚拟艺术和虚拟传播，文化传播不再受限于地域和时间，能够快速覆盖全球受众，影响力和传播力大大提高。虚拟艺术与虚拟传播的结合，推动了文化的创新与发展，为现代社会的文化传播提供了新的路径和方法。

图 6-12　洛天依身着冬奥元素的定制服装

在北京冬奥会文化节开幕式表演中，洛天依身着冬奥元素的定制服装（如图6-12）登台演唱了《闪耀时刻》等歌曲。虚拟歌手洛天依穿着科技冬奥雪花图案的大衣缓缓登场，身上的雪花因科技手段控制实时变化，在一个转身后，虚拟歌手身上的衣服变换成了由冰蓝色的雪山组成的现代创新改良旗袍。虚拟角色与观众之间的互动生动和逼真，令人目不暇接。在节目最后，虚拟歌手化身花样滑冰赛场上的奥运健儿（如图6-13），让观众跟随表演者身临其境地感受到澎湃的奥运赛场氛围，服装随着奥运五环的颜色进行变换，由蓝色变为红色，这种表演方式极为创新、大胆，受到广大观众的喜爱。

图6-13　虚拟歌手化身花样滑冰赛场上的奥运健儿

虚拟服装设计在北京冬奥会上的应用展示了其技术的革命性意义，尤其通过扩展现实技术的多感官沉浸体验，极大地拓宽了观众的体验。虽然虚拟服装设计与传统的服装设计有媒介上的本质不同，但也具有服装设计规律上的相关性。在设计语言上，虚拟服装设计同样需要扎实的设计基础。概念设计师负责构思和创建服装的初步视觉概念，包括风格、色彩和主题元素。3D建模师则将这些概念转化为精细的三维模型，确保服装在虚拟环境中的立体感和真实感。纹理和材质设计师通过添加面料质感和细节，使虚拟服装更加逼真。动画师为服装设置动态效果，确保在虚拟歌手的表演中，服装能随着动作自然摆动。这些部门共同作用，才能构建出一个完整而具有视觉冲击力的虚拟服装形象。

在技术实现上，虚拟服装设计需要依赖于先进的虚拟现实和增强现实技术。技术团队负责服装的实时渲染和交互功能，确保其在不同的虚拟平台上表现同样出色。全息影像技术也可被应用于现场表演中，为观众提供立体感强烈的视觉体验。服装的动态模拟需要精确的物理引擎支持，以实现布料的真实表现。技术的进步不仅提升了虚拟服装的质量，还扩大了其应用场景，使其能够在各种数字媒介中广泛传播。虚拟服装设计的技术支撑离不开跨学科团队的密切合作。视觉设计团队负责创意和视觉效果的实现，技术开发团队确保服装的功能性和技术集成。虚拟偶像的品牌与市场推广团队则将设计与市场需求相结合，推动品牌形象的塑造和推广。音乐与表演团队在虚拟偶像的表演中也扮演重要角色，服装设计要与整体表演风格相协调。这种多方协作提高了虚拟服装设计的质量和影响力，推动了虚拟偶像形象的全方位发展。

在文化传播上，虚拟服装的传播不受实体物理条件的限制，能够通过互联网迅速传播，覆盖广泛的受众群体，大幅增加品牌的曝光度和消费者的参与度。在北京冬奥会开幕式中，为洛天依设计的三套表演服装包括融合冰雪元素的冬季服装、科技改良的传统旗袍和专业花样滑冰表演服。其表演视频在网站上一经发布即获得了超过百万次的播放量，展示了虚拟服装设计在年轻人中的巨大影响力。虚拟服装设计的实践实现了艺术与技术的融合创新，还展示了虚拟服装在节约成本和快速传播方面的巨大潜力，为未来虚拟人物设计提供了宝贵的参考和借鉴。

数字媒体的出现使得文化产品的生产、传播和消费方式发生了深刻变化，虚拟艺术和虚拟传播作为数字媒体的重要组成部分，对文化的传承和创新起到了积极作用。虚拟艺术通过虚拟现实、增强现实等技术，打破了时间和空间的限制，使得文化体验更加多样化和个性化。虚拟传播则通过社交媒体和数字平台，促进了跨媒体渠道与文化交流，增强了全球文化认同。

总结本次的虚拟服装设计经验，除了在形象设计、技术创新和传播效果等方面的突破，虚拟服装设计对于产业的升级也有重要意义，如在节约成本和扩大传播力度方面便具有显著优势。传统服装设计需要耗费大量的物料、时间和人力，而虚拟服装设计则可以通过数字化手段大幅降低生产成本。虚拟服装的制作不仅减少了原材料的消耗，还减少了废弃物的产生，有助于实现可持续发展。

三、文化创新与冬奥遗产保护

北京冬奥会在赛事期间展现了丰富的文化创新，还通过一系列后续活动持续推动奥运文化遗产的保护和传承。冬奥会开闭幕式的精心设计体现了中国传统文化的深厚底蕴，同时展示了创新的表现形式，例如主火炬"微火"照亮世界的设计，打破了传统火炬的形式，使得奥林匹克圣火以新的方式得以传递。这些创新不仅是对文化的传承，更是对传统观念的突破。又如冬奥会开幕式以"迎客松"为主题的焰火表演，通过数字技术呈现了中国传统文化与奥运元素的结合，形成了震撼的视觉效果。冬奥文化节和奥林匹克文化广场等地的活动还展示了京剧、剪纸等中国传统艺术，并邀请国际艺术家参与，促进了文化交流。冬奥会吉祥物"冰墩墩"和"雪容融"成为文化象征，通过卡通形象传递了中国人民的温暖与包容。科技创新、环保创新等在场馆建设和文化展示中得以实践，强调了可持续发展。这些创新增强了文化传播的效果，也展示了中国在文化创意和科技应用领域的能力。

2022年北京冬奥会后，北京冬奥组委通过一系列文化活动，深入保护和传承冬奥遗产，确保奥运遗产在社会中持续发挥影响力。例如，建立了专门的冬奥文化遗产博物馆和展览馆，收藏和展示冬奥会期间图片、视频、服装等实物资料，使公众能够深入了解冬奥会的历史、文化和精神。定期举办冬奥文化节和主题活动，包括文艺演出、文化讲座、体育展示和互动体验等，继续发扬冬奥精神，丰富公众的文化生活。通过冬奥主题的戏剧、音乐会和艺术展览，展示冬奥文化的丰富内涵和多样性。组织社区和学校的冬奥文化推广活动，让更多人特别是青少年了解和体验冬奥文化，增强他们对冬奥精神的认同感等。在文化遗产的传播和发扬方面，通过出版书籍，拍摄纪实片、纪录片和影视剧等多种形式，记录和传播冬奥会的历史和文化，这些文化产品保留了冬奥会的宝贵记忆，还为未来的文化创作提供了丰富的素材。这些活动不仅使冬奥文化遗产得以延续，还通过全球范围的文化交流，促进了中外文化的互鉴与融合，增强了中国文化在国际舞台上的影响力。

冬奥会开闭幕式和冬奥文化节开幕式令世人瞩目的精彩演绎，加上主火炬"微火"照亮世界的颠覆式创新，我国人民的文化自信心和文化自豪感得以不断累积。此次北京冬奥会不仅向世界展示了中华文化的独特魅力，还为奥林匹克运动新口号"更团结"提供了独具特色的中国式阐释，同时彰显了我国构建人类命运共同体的坚定决心。北京冬奥会的文化遗产得到了有效的保护和传承。这些活动不仅丰富了公众的文化生活，也增强了社会的文化认同感和凝聚力。冬奥会的文化遗产作为一笔宝贵的精神财富，将继续在中国的社会文化发展中发挥积极作用。

第四节　冬奥服装文化遗产与北京冬奥精神传承

北京冬奥精神是冬奥文化遗产的重要组成部分，不仅在冬奥会举办等一系列过程中和冬季体育竞技中体现，还深深融入与冬奥会相关的各个文化符号和物质遗产中，以及人们的社会生活与理想信念中。冬奥服装既是冬奥会外在的视觉表现，更是内在冬奥精神传承的载体。

一、冬奥服装文化遗产特征

回顾从 2008 年北京夏季奥运会到 2022 年北京冬季奥运会这 14 年来的历程，中国的服装艺术和奥运遗产保护得到了显著的发展和提升，在文化传承与创新结合、功能性与美学并重、可持续发展理念等方面成效斐然。

1. 文化传承与创新结合

冬奥会服装设计展示了传统文化元素与现代设计理念的完美结合，鼓励设计师在创作中继续探索和创新，保留传统文化精髓的同时融入现代美学。要明确服装设计在实际应用中的重要性，更加注重功能性与美学的结合，打造既实用又美观的服装作品。文化传承与创新结合的理论强调文化的动态性和创造性，认为文化在传承过程中需要不断地与时俱进，融入新的元素以保持其生命力。冬奥会服装设计正是这一理论的实践。

北京是世界上唯一一座同时举办过夏季和冬季奥运会的城市，被誉为双奥之城。北京成功地将中国文化展示给全世界。2022 年北京冬奥服装设计既是对中华文化丰富性和历史深度的传达，更象征着中国对和平与繁荣的期盼。双奥之城的地位为北京提供了一个展示中国文化的独特平台，服装作为文化表达的一部分，在这个过程中发挥了至关重要的作用。服装设计的演变记录了中国社会和文化的变化，同时反映了中国设计师在不同时期对传统文化的理解和创新应用，在增强民族自豪感和文化认同感的同时，也展示了中国在全球化进程中保持文化独立性的 努力。

服装设计不仅是奥运会历史的一部分，更是奥运遗产文化传承的重要载体。北京冬奥会服装设计通过创新性地融合传统与现代元素，让世界人民加深了对中国文化的了解，也成为文化交流的重要案例。未来的服装设计师和文化推广者将继续从中获得灵感，推动全球文化的多样性和包容性发展。

2. 功能性与美学并重

功能性与美学并重的设计理念强调服装不仅要有视觉上的吸引力，还需要具备实际的功能性，以满足用户的需求。在北京冬奥会的服装设计中，功能性与美学并重的理念得到了充分体现，这一设计理念的形成和发展过程具有深远的文化和历史意义。在功能性方面，设计师们采用了诸多高科技材料和设计手段，如保暖导湿面料、防风护领设计，以及易于穿脱的结构设计。这些功能性元素确保了运动员和工作人员在严寒环境中的舒适性和安全性。这些细节设计体现了冬奥会对赛事装备的高标准要求，也展示了中国在运动装备领域的技术创新能力。与此同时，美学元素在冬奥服装设计中也得到了精心的呈现。设计师们巧妙地融合了传统中国文化元素，如祥云图案、龙凤纹样和汉服的裁剪风格，并将这些传统元素做现代化处理，与冰雪运动特性相结合。色彩选择方面，设计师们使用了象征吉祥的红色和金色，同时融入现代设计的清新元素，使得整体设计既具传统韵味，又充满现代感。

北京冬奥会服装设计不仅体现了奥林匹克精神，也展示了中国文化的独特性和创新性。这些设计在满足实用性和美学的同时，也为文化传承与现代创新提供了一个展示平台。冬奥服装作为奥运遗产的一部分，其设计不仅具有历史价值，也在全球文化和设计领域的持续创新中发挥了引领作用。随着科技的进步和文化交流的深化，这一设计理念将继续影响和推动全球服装设计的发展。

3. 可持续发展理念

可持续发展理论强调对资源的有效利用和环境保护，主张在设计和生产过程中减少对环境的影响。在北京冬奥会的服装设计中，可持续发展理念被广泛应用，不仅体现在材料的选择上，还在整个设计和制作过程中得到了贯彻。冬奥会服装使用的环保材料和传统工艺，不仅展示了对环境的尊重和保护，也为时尚产业的可持续发展树立了榜样。未来的服装设计将更加关注环保和资源节约，推动时尚产业向绿色环保方向发展。设计师将更加注重材料选择和生产过程的环保性，推动可持续时尚的普及与发展。

冬奥会服装广泛使用了再生材料。例如，许多运动员和工作人员的服装采用了由再生塑料瓶制成的聚酯纤维。在设计过程中，设计师还将中国传统工艺融入现代服装设计中，如手工刺绣和植物染色等。这些工艺不仅增强了服装的文化内涵，保持了传统文化的独特性，减少了化学染料和工业化生产对环境的影响，还符合现代环保理念。冬奥会服装设计的可持续实践还体现在整个生产链的环保性上。设计师在选择供应商和生产工艺时，优先考虑那些具有环保认证和可持续发展理念的企业。

通过对环保材料和传统工艺的使用，冬奥会服装设计展示了对环境的尊重和保护，为推动全球服装行业向更加环保和可持续的方向发展起到了积极的作用。未来的服装设计将继续关注环保和资源节约，推动时尚产业向绿色环保方向发展，为全球环境保护作出积极贡献。

二、冬奥服装文化遗产传承北京冬奥精神

"胸怀大局、自信开放、迎难而上、追求卓越、共创未来"的北京冬奥精神是冬奥会留下的最重要的文化遗产和精神财富。这一精神在冬奥会的申办、筹办和举办过程中凝结，并转化为全面建设社会主义现代化国家的精神力量，极大地增强了国家和民族的凝聚力。奥林匹克精神倡导的"更快、更高、更强——更团结"同样超越了国界、种族和文化，激励着每个人追求卓越、勇于挑战自我。通过冬奥会的成功举办，中国人民更加深刻地理解和践行奥林匹克精神与北京冬奥精神，将其转化为社会发展的动力，推动各行各业不断进步，提升国家的综合实力和国际地位。

冬奥服装通过对中国传统文化符号的创新性演绎和对现代设计理念的融合，展现了体育精神、文化自信和民族认同感的深刻结合。作为冬奥文化遗产的一部分，冬奥服装不仅记录了赛事的高光时刻，还为后世留下了可以被解读、传播和继承的历史文本。在未来，它们将成为研究中国文化与奥林匹克精神融合的关键节点，成为文化记忆的重要象征，助力北京冬奥精神在全球范围内的持续传播与发扬。北京冬奥精神通过服装设计这一具体形式得以凝固与传承，既见证了历史，也赋予了未来无限的文化想象空间。

后 记

自 1924 年第一届冬季奥林匹克运动会以来，冬奥会的服装设计经历了近百年的演变与发展。本书试图通过翔实的资料和丰富的图片，为读者呈现历届冬奥会服装设计中蕴含的文化背景和历史变迁。本书的写作不仅是对历史的回顾，还是对文化与艺术的探讨。希望通过这本书，能够激发更多人对冬奥会服装设计和文化的关注与研究，抛砖引玉，为冬奥事业发展作出贡献。

《冬奥服装与文化》得以成书，与我本人的冬奥经历是分不开的。2019 年 9 月起，我有幸作为北京冬奥组委文化活动部的项目工程师参与了 2022 年北京冬奥会颁奖服装的组织工作，2021 年 8 月起任职北京颁奖广场运行团队服装经理，2022 年 2 月承担了"相约北京"奥林匹克文化节开幕式服装设计工作。这些工作经历让我对冬奥文化活动有了深入的了解，能够更好地结合自身的实践经验与学术研究，为读者提供更加鲜活、全面的冬奥服装与文化研究成果。

衷心感谢中国美术家协会主席范迪安先生为本书作的精彩序言。感谢冬奥会服装专家贾荣林教授、刘元风教授和李当岐教授的悉心指导与宝贵建议。感谢在冬奥事业中一同工作的贺阳教授、楚艳教授、尤珈副教授和刘莉教授。感谢纪玉洁老师为本书设计的精美封面。感谢贾蕴博老师在我写作过程中的支持与鼓励。感谢我的学生杨晓妍、杨婉彤、过晗畅、刘晴茜、马金初、蓝津津、李鸿翔和魏子卉与我一起完成了效果图的绘制，感谢你们在这段研究旅程中的陪伴与支持。

本书试图梳理研究百年冬奥文化，经过对大量历史资料和文献的调研后绘制的 120 幅冬奥服装效果图，便是研究成果的直观体现。但受限于种种条件约束，如史料缺乏等原因，部分服装只能依靠文献记录，结合当时的服装特点进行复原，不免有些遗憾。同时由于时间与个人水平有限，书中难免有一些错漏之处，恳请专家、同仁以及读者朋友们批评指正，让我在这条探索之路上不断成长与进步。衷心祝愿我国的冬奥文化事业蓬勃发展，冬季运动项目得到更好的普及，人民生活品质和幸福感得到提升。

马鸿锦

2024 年 8 月

1952 年奥斯陆举牌礼仪人员服装

1952 年奥斯陆托盘员服装

1956 年科尔蒂纳丹佩佐举牌礼仪人员服装

1956 年科尔蒂纳丹佩佐颁奖服装 (1)

1956年科尔蒂纳丹佩佐民族服装(2)

1956年科尔蒂纳丹佩佐民族服装(3)

1956年科尔蒂纳丹佩佐民族服装(4)

1956年科尔蒂纳丹佩佐民族服装(5)

1960 年斯阔谷举牌礼仪人员服装

1960 年斯阔谷托盘员服装（1）

1960 年斯阔谷托盘员服装（2）

1960 年斯阔谷托盘员服装（3）

1960 年斯阔谷托盘员服装（4）

1960 年斯阔谷托盘员服装（5）

1964 年因斯布鲁克举牌礼仪人员服装

1964 年因斯布鲁克颁奖服装（1）

1964年因斯布鲁克颁奖服装（2）　　　　　1964年因斯布鲁克颁奖服装（3）

1968年格勒诺布尔举牌礼仪人员服装　　　1968年格勒诺布尔颁奖服装

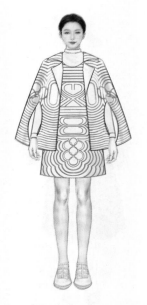

1968 年墨西哥城夏奥会女向导制服（1）

1968 年墨西哥城夏奥会女向导制服（2）

1972 年札幌举牌礼仪人员服装

1972 年札幌嘉宾引导员服装（1）

1972 年札幌嘉宾引导员服装 (2)

1972 年札幌托盘员服装

1976 年因斯布鲁克举牌礼仪人员服装 (1)

1976 年因斯布鲁克举牌礼仪人员服装 (2)

1976 年因斯布鲁克举牌礼仪人员服装（3）

1976 年因斯布鲁克举牌礼仪人员服装（4）

1976 年因斯布鲁克举牌礼仪人员服装（5）

1976 年因斯布鲁克颁奖服装（1）

1976 年因斯布鲁克颁奖服装 (2)

1976 年因斯布鲁克颁奖服装 (3)

1980 年普莱西德湖举牌礼仪人员服装

1980 年普莱西德湖颁奖服装 (1)

1980 年普莱西德湖颁奖服装（2）

1980 年普莱西德湖颁奖服装（3）

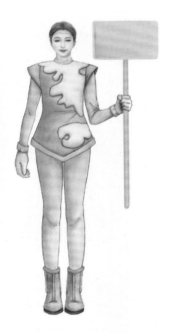

1984 年萨拉热窝举牌礼仪人员服装

1984 年萨拉热窝颁奖服装（1）

1984年萨拉热窝颁奖服装（2）

1984年萨拉热窝颁奖服装（3）

1984年萨拉热窝颁奖服装（4）

1984年萨拉热窝颁奖服装（5）

1988 年卡尔加里举牌礼仪人员服装 (1)

1988 年卡尔加里举牌礼仪人员服装 (2)

1988 年卡尔加里颁奖服装

1992 年阿尔贝维尔举牌礼仪人员服装

1992 年阿尔贝维尔室外托盘员及引导员服装

1992 年阿尔贝维尔室内引导员颁奖服装

1992 年阿尔贝维尔室内女童托盘员服装

1992 年阿尔贝维尔室内男童托盘员服装

1992 年阿尔贝维尔献唱《马赛曲》女童服装

1994 年利勒哈默尔举牌礼仪人员服装（1）

1994 年利勒哈默尔举牌礼仪人员服装（2）

1994 年利勒哈默尔举牌礼仪人员服装（3）

1994 年利勒哈默尔嘉宾引导员服装（1）

1994 年利勒哈默尔嘉宾引导员服装（2）

1994 年利勒哈默尔托盘员服装（1）

1994 年利勒哈默尔托盘员服装（2）

1994 年利勒哈默尔托盘员服装（3）

1994 年利勒哈默尔托盘员服装（4）

1998 年长野举牌礼仪人员服装（1）

1998 年长野举牌礼仪人员服装（2）

1998 年长野举牌礼仪人员服装（3）

1998 年长野颁奖服装（1）

1998 年长野颁奖服装（2）

1998 年长野颁奖服装（3）

1998 年长野颁奖服装（4）

2002 年盐湖城举牌礼仪人员服装

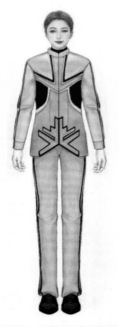

2002 年盐湖城托盘员服装

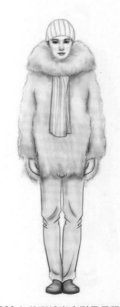

2002 年盐湖城嘉宾引导员服装

2006 年都灵举牌礼仪人员服装

2006 年都灵室内颁奖服装

2006 年都灵室外颁奖服装

2010 年温哥华举牌礼仪人员服装（1）

2010 年温哥华举牌礼仪人员服装 (2)

2010 年温哥华嘉宾引导员颁奖服装

2010 年温哥华室内托盘员服装

2010 年温哥华户外托盘员服装

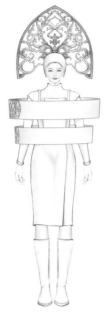

2014 年索契举牌礼仪人员服装

2014 年索契嘉宾引导员服装

2014 年索契室内托盘员服装

2014 年索契室外托盘员服装

2018 年平昌举牌礼仪人员服装 (1)

2018 年平昌举牌礼仪人员服装 (2)

2018 年平昌冰上项目颁奖服装 (1)

2018 年平昌冰上项目颁奖服装 (2)

2018 年平昌雪上项目颁奖服装（1）　　　　　2018 年平昌雪上项目颁奖服装（2）

2008 年北京夏奥会举牌礼仪人员服装　　　　2008 年北京夏奥会开幕式礼仪服装

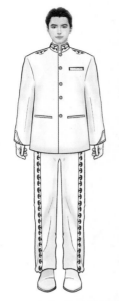

2008 年北京夏奥会升旗手服装

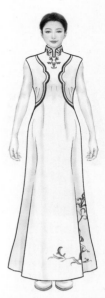

2008 年北京夏奥会颁奖服装"青花瓷"系列（1）

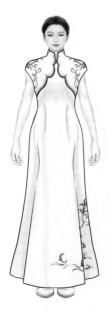

2008 年北京夏奥会颁奖服装"青花瓷"系列（2）

2008 年北京夏奥会颁奖服装"青花瓷"系列（3）

2008 年北京夏奥会颁奖服装"宝蓝"系列（1）

2008 年北京夏奥会颁奖服装"宝蓝"系列（2）

2008 年北京夏奥会颁奖服装"宝蓝"系列（3）

2008 年北京夏奥会颁奖服装"国槐绿"系列（1）

2008 年北京夏奥会颁奖服装"国槐绿"系列（2）　　2008 年北京夏奥会颁奖服装"国槐绿"系列（3）

2008 年北京夏奥会颁奖服装"玉脂白"系列（1）　　2008 年北京夏奥会颁奖服装"玉脂白"系列（2）

2008 年北京夏奥会颁奖服装"玉脂白"系列（3）

2008 年北京夏奥会颁奖服装"桃粉红"系列（1）

2008 年北京夏奥会颁奖服装"桃粉红"系列（2）

2008 年北京夏奥会颁奖服装"桃粉红"系列（3）

2022 年北京举牌礼仪人员服装

2022 年北京"鸿运山水"系列颁奖服装（1）

2022 年北京"鸿运山水"系列颁奖服装（2）

2022 年北京"瑞雪祥云"系列颁奖服装（1）

2022 年北京"瑞雪祥云"系列颁奖服装（2）

2022 年北京"唐花飞雪"系列颁奖服装（1）

2022 年北京"唐花飞雪"系列颁奖服装（2）

2022 年北京"唐花飞雪"系列颁奖服装（3）

2022 年北京冬奥文化节开幕式洛天依服装（1）

2022 年北京冬奥文化节开幕式洛天依服装（2）

2022 年北京冬奥文化节开幕式洛天依服装（3）

2022 年北京冬奥文化节开幕式洛天依服装（4）